国家中等职业教育
改革发展示范学校建设系列成果

中等职业教育计算机专业系列教材

计算机组装与维护

主　编　徐　焱

副主编　向　生　周　勇　陈　娟
　　　　蒋丽丽　王秋香

主　审　崔强荣

U0319240

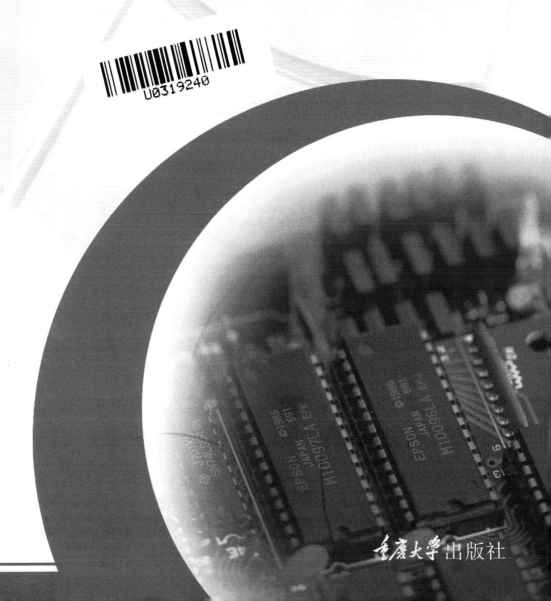

重庆大学出版社

内容提要

本书以配置计算机到使用维护计算机为线索,创设计算机的配置、组装、检测和维护 4 个场景,4 个场景也即相关的 4 个岗位。每个场景由若干模块组成,每个模块分成相关的任务,任务下设计若干学生活动。全书主要内容包括计算机组成基础,计算机各组件的组成、性能指标和选购等硬件常识,计算机硬件组装,BIOS 及常用设置,安装操作系统,应用软件的安装与卸载,计算机硬件系统的测试,计算机硬件维护,计算机常见故障的处理,软件系统的维护等。

本书适用于中等教育计算机专业及计算机相关专业学生使用,也适用于计算机硬件相关知识的各类培训班和爱好计算机硬件组装的人员使用。

图书在版编目(CIP)数据

计算机组装与维护/徐焱主编.—重庆:重庆大学出版社,2014.3(2016.8 重印)
中等职业教育计算机专业系列教材
ISBN 978-7-5624-7993-2

Ⅰ.①计⋯ Ⅱ.①徐⋯ Ⅲ.①电子计算机—组装—中等专业学校—教材②计算机维护—中等专业学校—教材
Ⅳ.①TP30

中国版本图书馆 CIP 数据核字(2014)第 022724 号

国家中等职业教育改革发展示范学校建设系列成果
中等职业教育计算机专业系列教材
计算机组装与维护
主 编 徐 焱
副主编 向 生 周 勇 陈 娟 蒋丽丽 王秋香
主 审 崔强荣
策划编辑:章 可
责任编辑:王海琼 版式设计:王海琼
责任校对:刘雯娜 责任印制:张 策

*

重庆大学出版社出版发行
出版人:易树平
社址:重庆市沙坪坝区大学城西路 21 号
邮编:401331
电话:(023) 88617190 88617185(中小学)
传真:(023) 88617186 88617166
网址:http://www.cqup.com.cn
邮箱:fxk@cqup.com.cn(营销中心)
全国新华书店经销
POD:重庆新生代彩印技术有限公司

*

开本:787mm×1092mm 1/16 印张:11.5 字数:280 千
2014 年 4 月第 1 版 2016 年 8 月第 6 次印刷
ISBN 978-7-5624-7993-2 定价:22.00 元

编委会

前　言

随着科技的发展和计算机应用范围的扩展,计算机已广泛地应用于社会生活的各个领域,在推动生产和社会经济发展的过程中起到了非常重要的作用。计算机的使用数量急剧增加,相应地,计算机的组装与维护维修工作也与日俱增。一方面,有限的计算机技术人员已经不能满足计算机组装与维护维修的需要;另一方面,计算机用户如果熟悉和掌握计算机组装与维护维修的知识和技能,会给日常的工作和学习带来极大便利。因此,我们针对中职学生和普通计算机用户编写了本书。

根据国家教育部中等职业教育人才培养的目标要求,结合社会行业对计算机操作性人才的需要,紧紧围绕中等职业教育的培养目标,遵循职业教育的教学规律,结合工程实际,反映岗位需求。本书的主要特色:

(1)以工作过程为导向,采用项目/任务驱动模式

本书以配置计算机、组装硬件到使用和维护计算机为工作情景,通过任务引领型的项目活动,使学生在认知和实际操作上,对计算机系统的软硬件有一个整体认识,会根据计算机硬件特点正确选购设备,熟练拆装计算机,掌握软硬件系统安装及优化,硬件故障诊断和排除。力求使学生在"做中学、学中做",真正能够利用所学知识解决实际问题,形成职业能力,为今后从事计算机组装与维护工作奠定良好的基础。

(2)紧密结合教学实际

考虑到读者的实际操作条件,本书选择了具有代表性并且广泛使用的主流技术与产品。书中通过大量的实例和图片,详细直观地介绍了计算机组装与维护实用技术,使读者尽快了解和掌握相关知识与技术。

(3)紧跟行业技术发展

计算机硬件发展很快,通过调研确立了书中的知识与技能,吸收了具有丰富实际经验的企业技术人员参与本书的修订工作,从而保障了教材的实用性和有效性。

本书由徐焱担任主编,向生、周勇、陈娟、蒋丽丽担任副主编,崔强荣担任主审。全书的编写大纲和统稿由徐焱完成。项目一、三由徐焱编写,项目二由蒋丽丽编写,项目四由陈娟编写,项目五由向生编写,项目六由周勇编写。本书在编写过程中,得到了重庆市教育科学研究院职成教所谭绍华所长,重庆市中职计算机研究中心,重庆工商大学融智学院的蒋丽丽老师,重庆市立信职业教育中心的崔强荣、陈娟老师以及重庆市开县职教中心计算机部的赵小平、赵术林、王秋香、柴祖富老师和学生们的大力支持。他们对本书提出了许多宝贵意见

和建议,在此编者向他们表示衷心的感谢。

由于时间仓促,加之作者水平有限,书中难免会有不足或疏漏之处,恳请各位读者不吝指正。

编　者
2013 年 12 月

目 录

计算机配置计划的制订

随着计算机应用越来越广以及计算机知识的不断普及,计算机已经逐渐成为人们工作、生活的必备工具。越来越多的人拥有自己的计算机,那么如何才能选购一台适合自己的计算机呢? 这就是本项目所要探讨的内容。

完成本项目的学习后,你将:

◆ 了解计算机的发展历史;

◆ 认识计算机系统的组成;

◆ 能根据用户需求,初步拟定计算机的配置方案。

任务一　认识计算机的组成

【任务描述】

要拟定一个计算机配置方案,就必须先了解和认识计算机,本任务的目标就是了解计算机的发展史,认识计算机的组成。完成本任务之后,你将:

◆了解计算机的发展过程、特点及应用领域;

◆正确描述计算机系统软硬件的组成;

◆辨认和识别计算机的各种软硬件。

【相关知识】

一、计算机的发展史

计算机的产生是20世纪最重要的科学技术大事件之一。1946年美国宾夕法尼亚大学的物理学家约翰·莫克利和工程师普雷斯伯·埃克特领导研制出世界上第一台电子计算机—埃尼阿克(ENIAC)。根据计算机所采用的物理器件不同,其发展可分为4个阶段。

第一台电子管计算机

第1代:电子管计算机(1946—1957年)

开始于1946年,结构上以CPU为中心,使用机器语言,速度慢、存储量小,主要用于数值计算。

 晶体管计算机	第 2 代:晶体管计算机(1958—1963 年) 开始于 1958 年,结构上以存储器为中心,使用高级语言应用范围扩大到数据处理和工业控制。
 IBM360 计算机	第 3 代:中小规模集成电路计算机(1964—1970 年) 开始于 1964 年,结构上仍以存储器为中心,增加了多种外部设备,软件得到一定发展,计算机处理图像、文字和资料的功能加强。
 第 4 代计算机	第 4 代:大、超大规模集成电路计算机(1971—至今) 开始于 1971 年,应用更加广泛,出现了微型计算机,体积越来越小而运算速度却越来越快。

　　1981 年 10 月,日本首先向世界宣告开始研制第 5 代计算机。第 5 代计算机是把信息采集、存储、处理、通信同人工智能结合在一起的智能计算机系统。它能进行数值计算或处理一般的信息,主要能面向知识处理,具有形式化推理、联想、学习和解释的能力,能够帮助人们进行判断、决策、开拓未知领域和获得新的知识,人机之间可以直接通过自然语言(声音、文字)或图形图像交换信息。

二、计算机的主要特点

计算机的主要特点表现在以下几个方面：

• 运算速度快：运算速度快是计算机的一个突出特点。计算机的运算速度已由早期的每秒几千次发展到现在的最高可达每秒几千亿次乃至万亿次。

• 计算精度高：在科学研究和工程设计中，对计算的结果精度有很高的要求。一般的计算工具只能达到几位有效数字，而计算机对数据的结果精度可达到十几位、几十位有效数字，根据需要甚至可达到任意的精度。

• 存储容量大：计算机的存储器可以存储大量数据，这使计算机具有了"记忆"功能。目前计算机的存储容量越来越大，已高达万兆数量级的容量。计算机具有"记忆"功能，是与传统计算工具的一个重要区别。

• 具有逻辑判断功能：计算机的运算器除了能够完成基本的算术运算外，还具有进行比较、判断等逻辑运算的功能。这种能力是计算机处理逻辑推理问题的前提。

• 自动化程度高，通用性强：由于计算机的工作方式是将程序和数据先存放在计算机内，工作时按程序规定的操作，一步一步地自动完成，一般无需人工干预，因而自动化程度高。这一特点是一般计算工具所不具备的。

 三、计算机的应用领域

计算机用途广泛，归纳起来有以下几个方面：

• 数值计算：数值计算即科学计算。数值计算是指应用计算机处理科学研究和工程技术中所遇到的数学计算。应用计算机进行科学计算，如卫星运行轨迹、水坝应力、气象预报、油田布局、潮汐规律等。

• 信息处理：信息处理是对原始数据进行搜集、整理、存储、输出等加工过程。信息处理是计算机应用的一个重要方面，涉及的范围和内容十分广泛，如自动阅卷、图书检索、财务管理、生产管理、医疗诊断、编辑排版、情报分析等。

• 实时控制：实时控制是指及时搜集检测数据，按最佳值对事物进程进行调节控制，如工业生产的自动控制。利用计算机进行实时控制，既可提高自动化水平，保证产品质量，也可降低成本，减轻劳动强度。

• 辅助设计：利用计算机的制图功能，实现各种工程的设计工作，称为计算机辅助设计（CAO），如桥梁设计、船舶设计、服装设计等。当前，人们已经把计算机辅助设计、辅助制造（CAM）和辅助测试（CAT）联系在一起，组成了设计、制造、测试的集成系统。

• 智能模拟：智能模拟亦称人工智能。利用计算机模拟人类智力活动，以替代人类部分脑力劳动，这是一个很有发展前途的学科方向。智能计算机作为人类智能的辅助工具，将被越来越多地用到人类社会的各个领域。

四、计算机的组成

一个完整的计算机系统包括硬件系统和软件系统两大部分。硬件系统和软件系统构成一个有机整体。硬件为软件提供了用武之地,软件则使硬件的功能得到充分的发挥,两者之间相辅相成,缺一不可,结构图如图1-1所示。

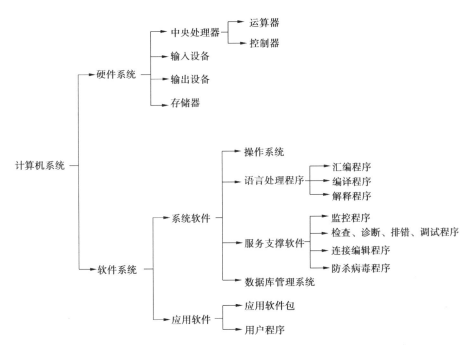

图1-1 计算机系统组成

1.计算机的硬件系统

计算机的硬件是指组成一台计算机的各种物理装置,是计算机进行工作的物质基础。计算机的硬件由输入设备、输出设备、存储器、运算器和控制器5部分组成,如图1-2所示。

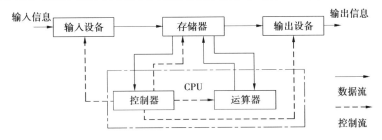

图1-2 计算机硬件系统

2.计算机的软件系统

软件系统分为系统软件与应用软件两种。软件系统的最内层是系统软件,它由操作系统、实用程序、编译程序等组成。操作系统实施对各种软硬件资源的管理控制。实用程序是为方便用户所设,如文本编辑等。编译程序的功能是把用户用汇编语言或某种高级语言所编写的程序,翻译成机器可执行的机器语言。

应用软件是用户按其需要自行编写的专用程序,它借助系统软件来运行,是软件系统的最外层。

 任务实施

活动 1　认识计算机的硬件系统

一台个人台式计算机,一般由主机、显示器、键盘、鼠标、音箱以及一些连接线组成。仔细观察机箱的正面,一般可以看到 DVD-ROM 或 CD-ROM 驱动器、电源开关按钮、耳机、话筒接口、USB 接口等。观察机箱的背面,可以看到许多接口有电源插座、鼠标接口、键盘接口、串行(COM)口、并行(LPT)口、显示器接口、USB 接口及音箱接口等,如图 1-3 所示为一台计算机的外观。

键盘　　显示器　　　　音箱　　　　主机

图 1-3　计算机的外观

打开机箱,机箱内有主板、CPU、内存条、显卡、硬盘、光驱、电源、网卡等,下面来认识一下这些部件。

 主板	主板在计算机中相当于人体的"神经中枢",起着协调各部件工作的作用,目前的主板多为 ATX 和 BTX 结构。
 CPU	CPU 也称中央处理器,是决定计算机性能的核心部件。它不仅是整个系统的核心,也是整台计算机中最高的执行单位,负责计算机指令的执行、数学与逻辑运算、数据的存储与传送以及对外的输入、输出控制等。
 CPU 风扇	CPU 风扇的作用是帮助 CPU 散热,使 CPU 能正常工作。
 内存条	内存条是指主板上的存储部件,用来存储数据,存放当前正在使用的(即执行中)数据和程序,当前使用的基本上是 DDR Ⅱ 和 DDR Ⅲ 内存条。

7

显卡

显卡又称显示卡或显示适配卡,是计算机最基本的组成部件之一。显卡的用途是将计算机所需要的显示信息进行转换,控制显示器的正确显示,是连接显示器和计算机主机,实现人机对话的重要设备。

硬盘

硬盘是计算机中最重要的存储设备。目前硬盘向着大容量、高速度、低噪音的方向发展。

光驱

光驱是计算机比较常见的一个部件。随着多媒体的应用越来越广泛,光驱已成为计算机标准配件之一。

声卡

声卡是多媒体技术中最基本的组成部分,是实现声波与数字信号之间相互转换的硬件,目前主板一般都集成了声卡。

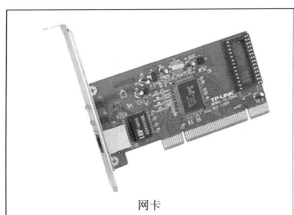 网卡	网卡又称网络接口卡或者网络适配器。用于实现计算机和网络电缆之间的物理连接,目前网卡按其传输速度可分为 100 Mbit/s、1 000 Mbit/s 网卡,大多数主板都集成了 100 Mbit/s 自适应网卡芯片。
 电源	购买机箱时一般都配有电源。电源的作用是为各部件供电,电源性能是否稳定对计算机能否正常工作有相当大的影响。
 显示器	显示器是计算机的主要输出设备,目前采用的显示器主要是液晶显示器(又称 LCD 显示器)。相对于 CRT 显示器,液晶显示器具有重量轻、体积小、辐射低、外形时尚、对人体健康危害小的特点。
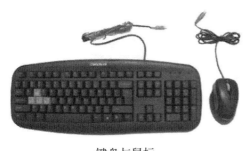 键盘与鼠标	键盘与鼠标是计算机的输入设备。用户需要通过键盘、鼠标向计算机发出指令,在操作者与计算机交互过程中,键盘与鼠标扮演着重要角色。

音箱

音箱是计算机的一个外部多媒体设备。虽然在计算机的使用过程中,音箱并不是必要的设备,但随着多媒体软件的增多,音箱已成为计算机的一种标准配置。

活动 2　连接计算机的外部设备

计算机外部线缆的连接遵循先连接信号线,再连接电源线的原则。

（1）显示器的连接

● 连接信号线:显示器后面有一根显示器信号线,用来连接显卡的信号输出接口,它是一个 3 排 15 针的 D 形插头,将它插到机箱后面显示卡的 15 孔 D 形插座上。

注意:连接时不要太用力,以防止将插针弄弯,然后将两侧的固定螺栓旋紧。

● 连接电源线:将电源插头一端与电源连接好,另一端连接到显示器后面的电源插孔中。

（2）连接键盘、鼠标

过去的键盘和鼠标大多是 PS/2 接口,插头一样,不容易辨认。对于 ATX 主板,靠近主板的 PS/2 插孔是键盘接口,离开主板稍远一些的 PS/2 插孔是鼠标接口。大部分主板为了方便用户,插孔附近还有图形符号提示。

另外,有些主板上,键盘接口是紫色的,鼠标接口是绿色的。插头上都有一个箭头或凹槽,用来指示插头向上的方向。插入时同样不要太用力,以免插针弯曲。

（3）连接主机电源

在连接主机电源之前,再检查一遍各种设备的连接是否正确,尤其是电源线的连接。确认无误后,将主机电源线一端插在机箱后面的电源插孔内,另一端插在电源插座上,最后打开主机电源开关。

任务二　制订计算机配置计划

【任务描述】

　　一台功能完整的台式计算机一般主要由机箱、显示器、鼠标、键盘、音箱、主板、电源、硬盘、光驱、CPU、内存、显卡等部件构成,这是一台计算机的主流配置。是否把这些硬件随意地组装在一起就能完成一个好的计算机配置? 如果不是,怎样才能指定一个既符合用户要求,又物美价廉的配置方案呢? 完成本任务之后,你将:

◆学习制订计算机配置方案的方法;
◆会拟定计算机配置方案。

【相关知识】

一、确定配置方案的原则

　　选购计算机的关键是应该满足使用者的使用需求,在这个前提下,根据计算机性能的优劣、价格的高低、商家服务质量的好坏等具体问题来最终决定计算机的配置方案,即确定计算机硬件的构成情况。确定配置方案时,必须考虑以下几点:

①明确使用者购买计算机的用途;
②确定购买计算机的预算;
③确定购买品牌机还是兼容机;
④确定购买台式计算机还是笔记本电脑。

1. 明确购买计算机的用途

　　购买计算机之前,首先必须明确拟购计算机的用途,做到有的放矢。只有明确用途,才能建立正确的选购思路,而不是先去想应该购买品牌机还是兼容机、台式机还是笔记本电脑的问题。

　　(1)家庭及办公用户

　　如果购买计算机用于普通办公或家庭使用,例如用来打字、制表、看影碟、上网等。对于这类用户,一台基于赛扬处理器、2 GB 内存的计算机已经绰绰有余,没必要赶时髦非要购买高端 CPU 的计算机不可。

（2）图形以及图像处理用户

如果购买计算机的主要目的是制作动画和进行平面设计,则推荐购买一台基于酷睿双核处理器的计算机,并尽量选用较大的内存或独立显卡。

（3）电脑游戏爱好者

对于电脑游戏爱好者来说,计算机的配置要求一般都比较高,特别是3D游戏爱好者。这时在制订计算机的配置方案时一定要注意内存容量足够大,显卡的动画处理能力强。当然CPU的运算能力也不能忽略,一般建议选择Intel酷睿级处理器。品牌机的显卡性能有限,运行3D游戏有些吃力,所以建议此类用户选择兼容机。

综上所述,购买什么样的计算机首先应该由用户购买计算机的用途来决定。盲目地追求豪华的配置而不能充分地发挥其性能实际上是一种浪费,为了省钱而去购买性能低的计算机则会导致无法满足使用需要。

2.确定购买计算机的预算

确定购机预算也是构机方案的重要一步,购机的预算根据不同用途、不同时期以及当时的市场行情会有所不同,因此确定预算应该根据当时的具体情况而定。

3.确定购买品牌机还是兼容机

如果用户是一个计算机的初学者,掌握计算机的知识有限,身边也没有可以随时请教的老师,购买品牌机不失为一个比较合适的选择。相反,如果用户已经掌握了一定的计算机知识,并且希望自己的计算机可以随时根据自己的需要进行升级,那么兼容机则是更好的选择。

大型计算机厂商生产的计算机一般称为品牌机,如康柏、惠普、戴尔、联想和方正等。

4.确实购买台式计算机还是笔记本电脑

很多人在购买计算机时,不知道该买笔记本电脑还是台式计算机。一般来说有以下几个必须考虑的因素:应用场合,价格的因素,对性能的要求程度。

●应用场合。如果计算机的主要用途是移动办公或者用户可能经常外出,那么笔记本电脑无疑是最好的选择。台式计算机无论如何都无法满足"动"的要求,但是,如果只是普通用户,台式计算机则是较好的选择。

●价格的因素。笔记本电脑的价格相比台式计算机来说还是要高出很多,虽然市场上也有价格偏低的笔记本电脑,但价格与质量、服务总是捆绑在一起,低端笔记本电脑的性能总是无法让人满意。

●性能要求。相同档次的笔记本电脑与台式计算机相比性能还是有差距,并且笔记本电脑的升级性很差,并且价格不菲。对于希望不断升级的计算机,以满足更高性能要求的用户来说,笔记本电脑是无法实现的,除非另购新机。

在充分考虑以上3点之后,根据具体的情况就可以决定是选择台式计算机还是笔记本电脑。

二、硬件配置案例

1. 入门型用户(特价机和简约学习机)

参考价格范围:2 500~3 500元。

计算机用途:文字处理、上网、初级学习、普通游戏、一般教学、普通办公等。

注意事项:一般这类用户选择使用 AMD 的速龙 Ⅱ 处理器或 Intel 的奔腾处理器,内存 2 GB,集成显卡或中档独立显卡即可。

(1)特价机方案(如表 1-1 所示)

表 1-1　特价机方案

主板	华硕 P5G41-MLX
CPU	Intel 奔腾双核 E5400(盒)
内存	金士硕 2 GB DRRR3 1333
硬盘	希捷 500 GB 7200.12 16 M(串口/散)
显卡	主板集成
光驱	LG DH16NS20
液晶显示器	三星 E1920N
声卡	主板集成
网卡	主板集成
音箱/耳机	
机箱电源	大水牛 A0707(带电源)
键盘、鼠标	雷柏 N1800 有线键鼠套装

(2)简约学习机方案(如表 1-2 所示)

表 1-2　简约机学习方案

主板	精英 G41T-M5(V1.0)
CPU	Intel 酷睿 2 双核 E7300
内存	威刚 2 GB DDR3 1333
硬盘	WD WD500AAKX 500 GB 蓝盘
显卡	铭瑄 GT430 巨无霸
光驱	华硕 DRW-24B3ST
液晶显示器	AOC E941S(LED 屏)
声卡	主板集成

续表

网卡	主板集成
音箱/耳机	普通耳麦
机箱电源	鑫谷 雷诺塔 G/2　航嘉 冷静王钻石 2.3 + 版本
键盘、鼠标	微软 光学精巧套装 500

2. 大众型用户(办公、教学、家庭、网吧)

参考价格范围:3 500 ~ 5 000 元。

计算机用途:编程设计、图像设计、3D 设计、教学、网页制作、商务办公、3D 游戏等,如表 1-3、表 1-4 所示。

表 1-3　办公方案

主板	微星 H55M- E21
CPU	Intel 酷睿 i3 530(盒)
内存	金士硕 2 GB DRRR3 1333
硬盘	希捷 500 GB 7200.12 16 M(串口/散)
显卡	影驰 GT220 加强版 X2
光驱	三星 TS- H353C
液晶显示器	三星 EX1920W
声卡	主板集成
网卡	主板集成
音箱/耳机	漫步者 R101T06
机箱电源	驱动火车 绝尘侠 X3 + 长城 静音大师 BTX-400SD
键盘、鼠标	雷柏 1800 无线键鼠套装

表 1-4　家庭方案

主板	华硕 P8H61- MLE
CPU	Intel 酷睿 i5 750(盒)
内存	威刚 2 GB DDDR3 1333(万紫千红)
硬盘	希捷 1 TB 7200.12 32 M SATA2
显卡	昂达 HD5770 1024MB 神戈
光驱	先锋 DVR-218CHV
液晶显示器	飞利浦 220E1SB

续表

声卡	主板集成
网卡	主板集成
音箱/耳机	漫步者 R201T08
机箱电源	酷冷至尊 毁灭者 RC-K100 + 长城 双卡王 BTX-500SE
键盘、鼠标	罗技 G1 游戏键鼠套装

3. 专业型用户(图像和游戏)

参考价格范围:5 000 ~ 8 000 元。

计算机用途:专业图像/影像处理、程序开发、3D 动画制作、大型 3D 游戏、电子商务等,如表 1-5、表 1-6 所示。

表 1-5 图像处理方案

主板	华硕 P8P67
CPU	Intel 酷睿 i72600(盒)
内存	海盗船 8 GB DDR3 1600 套装(串口/盒)
硬盘	希捷 1.5 TB 7200.12 32 M(串口/盒)
显卡	华硕 ENGTX570/2DI/1280MD5
光驱	先锋 DVR-218CHV
液晶显示器	戴尔 UltraSharp U2311H
声卡	主板集成
网卡	主板集成
音箱/耳机	普通 2.1 声道
机箱电源	鑫谷 雷诺塔 + 航嘉多核 R85(新版)
键盘、鼠标	罗技 MK260 键鼠套装

表 1-6 游戏方案

主板	精英 A890GXM-A
CPU	AMD 羿龙 II X6 1055T
内存	威刚 4 GB DDR3 1600 G(游戏威龙双通道)
硬盘	希捷 1 TB 7200.12 32 M(串口/盒)
显卡	迪兰恒进 HD6850 酷能 + 1 G
光驱	三星 TS-H663D

续表

液晶显示器	三星 S22A330BW
声卡	创新 Sound Blaster Audigy 4Value
网卡	主板集成
音箱/耳机	漫步者 C3
机箱电源	tM5(VJ2000BNS) + 长城 双卡王 BTX-600SE
键盘、鼠标	Razer 地狱狂蛇游戏标配键鼠套装

 任务实施

活动　拟定计算机配置方案

通过上网查阅计算机硬件相关资料或者到附近计算机商家咨询,制订两套计算机的选购方案,一套主要用于办公室办公(文档处理等),另一套用于 3D 动画开发人员的工作计算机。

 【项目小结】

通过本项目的学习,让学生了解了计算机的发展过程,认识了计算机的主要组成部分,对计算机硬件有了初步的认识,对如何配置计算机有了更深刻的认识,为后续学习计算机硬件的选购和组装打下良好的基础。

 【思考与练习】

1. 单项选择题

(1)第一台电子计算机诞生于(　　　　)年。

　　A. 1940　　　　　　B. 1945　　　　　　C. 1946　　　　　　D. 1950

(2)最早的计算机是用于(　　　　)的。

　　A. 科学计算　　　　B. 自动控制　　　　C. 系统仿真　　　　D. 辅助设计

(3)完整的计算机系统包括(　　　　)。

　　A. 硬件系统和软件系统　　　　　　　　B. 主机和外部设备

　　C. 主机和实用程序　　　　　　　　　　D. 运算器、存储器和控制器

(4)在计算机中,RAM 是指(　　　　)。

　　A. 只读存储器　　　　　　　　　　　　B. 可编程只读存储器

　　C. 动感随机存储器　　　　　　　　　　D. 随机存取存储器

(5)负责计算机内部之间的各种算术运算和逻辑运算功能的部件是(　　　)。

    A.内存　　　　　　B. CPU　　　　　　C.主板　　　　　　D.显卡

(6)在下列设备中,不属于输出设备的是(　　　)。

    A.显示器　　　　　B.打印机　　　　　C.鼠标　　　　　　D.音箱

2.简答题

(1)以使用电子元件为标志,计算机的发展可分为哪几个阶段?

(2)计算机的应用领域有哪些?

(3)一台完整的计算机有哪些组件? 其功能和作用分别是什么?

3.市场调查

到附近的电脑城,选择2~3家计算机销售部门(商店),调查计算机硬件行情。

预算一下金额,合理地配置计算机各个硬件,并写出实践报告。考虑的要点如下:

①根据用户用途,先定位计算机档次。

②选择 CPU、主板、内存三大件。

③选择显卡及显示器。

④选择其他计算机设备。

⑤根据以上配置,最终确定计算机总金额。

计算机硬件选购

在组装计算机之前,要对计算机各部件性能非常熟悉,部件之间的合理搭配也很重要。组装一台称心如意、性能稳定的计算机,不仅要选购性能良好的零部件,而且还应考虑零部件之间的兼容性。通过本项目的学习,能够了解计算机各部件的作用,熟悉各部件选购的相关知识。

完成本项目的学习后,你将:

◆认识各种计算机硬件的功能和方法;

◆熟悉各种计算机硬件结构,了解各种硬件的主要性能指标;

◆熟悉各种计算机硬件的主流品牌以及选购方法。

任务一 选购主板

【任务描述】

计算机主板是计算机系统运行环境的基础,主板的好坏决定着整个计算机系统的优劣。本任务的目标是学习如何选购主板,了解主板的功能、分类、结构、性能指标、芯片组和主流品牌等。学习完本任务之后,你将:

◆了解主板的功能与分类;

◆熟悉主板的结构、性能指标;

◆了解主板的主流品牌,能根据要求选购主板。

【相关知识】

一、主板的功能与分类

1. 主板的功能

主板又称主机板(Main Board)、系统板(System Board)或母板(Mother Board),它既是连接各个部件的物理通路,也是各部件之间数据传输的逻辑通路,几乎所有的计算机设备都要连接到主板上,主板是微机系统中最大的一块电路板。

上网查询资料,了解主板的功能和分类。

计算机主板

由于在主板上安装了组成计算机的主要电路系统,包括 BIOS 芯片、I/O 控制芯片、键盘与面板控制开关接口以及主要控制和扩充插槽等元件。

主板的主要功能是为计算机中的其他部件提供插槽和接口。计算机中的所有硬件通过主板直接或间接地连接组成了一个工作平台,通过这个平台,用户才能进行计算机的相关操作。

2. 主板的分类

主板的类型和档次决定着整个微机系统的类型和档次，主板的性能影响整个微机系统的性能。常见的主板分类方式有以下几种。

(a)X79 CPU 插槽主板

(b)AM3 插槽主板

按使用的芯片分类

不同类型的 CPU 使用主板不同，主板 CPU 的插槽也不同，现市面上主要有 Intel 和 AMD 两大 CPU 生产厂家。

适合 Intel 类型 CPU 的主板有 Socket386 到 Socket686、Socket370、LGA 775、LGA 1156、LGA 1366（X58 主板）、LGA 2011（如图（a）所示 X79 主板）等。

适合 AMD 类型 CPU 的主板有 Socket AM2、AM3 主板（如图（b）所示）、FM1 主板等。

同一级的 CPU 往往还要进一步划分，如 LGA 775 主板就有是否支持酷睿 2、Core 2 Duo、Core 2 Quad 等区别。在实际应用中这种方法很少用。

PCI 总线主板

按逻辑控制芯片组分类

ISA 工业标准体系结构总线；

EISA 扩展标准体系结构总线；

MCA 微通道总线；

VL 总线；

PCI 总线；

USB 通用串行总线。

IEEE1394（美国电气及电子工程师协会 1394 标准）俗称"火线（Fire Ware）"。

现在常用的主板采用的是 PCI、USB 和 IEEE1394 这 3 种总线。一种主板上可能同时存在两种以上的总线，因此这种方法也不常用。

21

PnP BIOS 的主板

（a）ATX 主板

（b）Mini ATX 主板

按功能分类

PnP 功能带有 PnP BIOS 的主板配合 PnP 操作系统（如 Windows）可帮助用户自动配置主机外设。

无跳线主板是一种新型的主板，是对 PnP 主板的进一步改进。在这种主板上，CPU 的类型、工作电压等都无须使用跳线开关，均自动识别，只需用软件略作调整即可。无跳线主板将是主板发展的另一个方向。

按结构分类

AT 和 Baby-AT 是多年前的老主板结构。而 LPX、NLX、Flex ATX 则是 ATX 的变种，多见于国外的品牌机；EATX 和 WATX 则多用于服务器/工作站主板。由于 Baby AT 主板市场的不规范和 AT 主板结构过于陈旧，英特尔在 1995 年 1 月公布了扩展 AT 主板结构，ATX 是目前市场上最常见的主板结构，如图（a）所示。AT 主板采用 7 个 I/O 插槽，CPU 与 I/O 插槽、内存插槽位置更加合理。优化了软硬盘驱动器接口位置。提高了主板的兼容性与可扩充性。采用了增强的电源管理，真正实现计算机的软件开/关机和绿色节能功能。

Micro ATX 又称 Mini ATX，是 ATX 结构的简化版，就是常说的"小板"。多用于品牌机并配备小型机箱，如图（b）所示。

BTX 则是英特尔制订的最新一代主板结构。针对散热和气流的运动，对主板的线路布局进行了优化设计，系统结构将更加紧凑，如图（c）所示。新型 BTX 主板将通过预装的 SRM（支持及保持模块）优化散热系统，特别是对 CPU 而言。另外，散热系统在 BTX 的术语中也被称为热模块。一般来说，该模块包括散热器和气流通道。现在已经开发的热模块有两种类型，即 full-size 和 low-profile。

得益于新技术的不断应用,将来的 BTX 主板还将完全取消传统的串口、并口、PS/2 等接口。

(c)BTX 主板

 二、主板的性能指标

对于行业人员,根据主板芯片组就能了解主板的主要性能指标,而对于一般用户来说,需要借助主板的参数表才能了解主板的主要性能指标。主板的参数表列举了主板与所连接部件的相关性能指标,这也是芯片组的主要性能参数,如表 2-1、表 2-2 所示。

表 2-1　AMD 770 主板参数表

接口类型	Socket AM2 +/AM3
处理器	Phenom FX/Phenom X4/Phenom X2 / Athlon/Sempron Family
北桥芯片	AMD 770
南桥芯片	SB710
HT 总线	3.0
内存	DDR2/DDR3
PCI-E 2.0	支持
PCI-E Lains	20 条
PCI-E 插槽	1 * PCI-E 16X
SATA/PATA	6/1
SATA 接口速度	3 Gbit/s
RAID 磁盘阵列	0,1,0 + 1,10
USB 接口	12
音频	HD Audio

表 2-2　AMD 770 主板参数表

接口类型	LGA 1156
处理器	Core i7/Core i5/Core i3
内存类型	DDR3 1066/1333
内存模式	双通道
交火类型	No
支持 CPU 集成显卡	Yes
PCI-E 2.0	Yes
PCI-E X1	8
PCI-E Lane	PCI-E 16X GEN 2.0 ×1
RAID	0，1，5，10
SATA	6
USB 接口	14
Native Gigabit Ethernet	1
音频	HD Audio

1. 主板芯片

目前能够设计芯片组的厂商主要有 Intel（英特尔）、VIA（威盛）、AMD、ALi（扬智）、NVIDIA 等。主板芯片是衡量主板的主要指标之一，它包括以下几个内容：

- 芯片厂商：主要有 Intel、AMD 和 NVIDIA 3 家。
- 芯片组型号：不同的芯片组，性能不同，价格也不同。
- 芯片组结构：通常由北桥芯片和南桥芯片组成，也有南北桥合一的芯片组。
- 集成芯片：主板可以集成显示、音频和网络 3 种芯片。

2. CPU 规格

CPU 越好，计算机性能就越好，但是也需要主板的支持。因此 CPU 的规格也是主板的主要性能指标之一，包括以下几个内容：

- CPU 平台：主要有 Intel 和 AMD 两种。
- CPU 类型：CPU 的类型很多，即使是同一种类型，其运算速度也有差别。
- CPU 插槽：不同类型的 CPU 对应主板插槽也不同。
- CPU 数量：普通主板支持一颗 CPU，也有支持两颗 CPU 的主板，其性能将有所提高。
- 主板总线：也称前端总线，通常用 FSB 表示，是将 CPU 连接北桥芯片的总线，是 CPU 和外界交换数据的最主要通道，因此前端总线的数据传输能力对计算机整体性能作用很大。目前主板常见的前端总线频率有 800、1 066、1 666、1 800 MHz 等。

3. 内存规格

内存规格也是影响主板性能的主要指标之一，包括以下几个内容：

- 内存类型:现在内存类型主要有 DDR2 和 DDR3 两种,DDR3 比 DDR2 传输能力强。
- 内存插槽:插槽越多,单位内存安装就越多。
- 最大内存容量:最大内存容量越大,处理的数据就越多。
- 内存通道:通道技术其实是一种内存控制盒管理技术,在理论上能够使两条同等规格内存所提供的带宽增长一倍。

4.扩展插槽

扩展插槽的数量也能影响主板的性能,包括以下几个内容:

- 对显卡支持:目前主板上的图形加速接口主要是 PCI Express X16 接口。它是基于点对点的传输,每个传输通道独享带宽,并且支持热拔插、支持双向传输模式和数据分路传输模式。现在显卡技术都向多显卡模式发展,故主板应该至少包含一个该图形加速接口。
- 对硬盘和光驱的支持:主板上的 IDE 接口是用于连接 IDE 硬盘和 IDE 光驱的,IDE 接口为 40 针和 80 针双排插座,主板上至少有两个 IDE 设备接口,分别标注 IDE1 或者说 primary IDE1 和 IDE2 或者 secondry IDE。此外,是否支持使用 SATA 也是重要的一个因素。
- 扩展性能与外围接口:除了 PCI E X16 插槽和内存插槽外,主板上还有 PCI、AMR、CNR 等扩展槽标志了主板的扩展性能。PCI 是目前用于设备扩展的主要接口标准,声卡、网卡、内置 MODEM 等设备主要都接在 PCI 插槽上,主板上一般设有 2 ~ 5 条 PCI 插槽不等。

5.其他性能指标

除了以上一些主要的性能指标外,还有以下性能指标也是选购时需要注意的。

- 外部接口:外部接口越多,能连接的外部设备也越多。
- 主板版型:版型能够决定安装设备的多少和机箱的大小以及计算机升级的可能性。
- BIOS 性能:现在大多数主板采用的是 Flash ROM,其是否能方便升级以及是否具有较好防病毒功能是主板的重要性能指标之一。
- 电源管理:主板对电源的管理目的是节约电能,保证计算机的正常工作,具有电源管理的主板比普通主板更好。
- 供电模式:主板多相供电模式能够提供更大的电流,可以降低供电电路的温度,而且利用多相供电获得核心电压信号也比少供电来得稳定。

任务实施

活动 1　认识主板结构

主板是一块长方形的集成电路板,板上装有组成计算机的主要电路系统。主板上面集成有扩充插槽、BIOS 芯片、I/O 控制芯片、CPU 插槽、控制芯片组、内存插槽、跳线开关、键盘接口、指示灯接口、主板电源插座、软驱接口、硬盘接口和串行并行接口等。在图 2-1 的主板中,特别指出了部分部件的名称。

计算机组装与维护

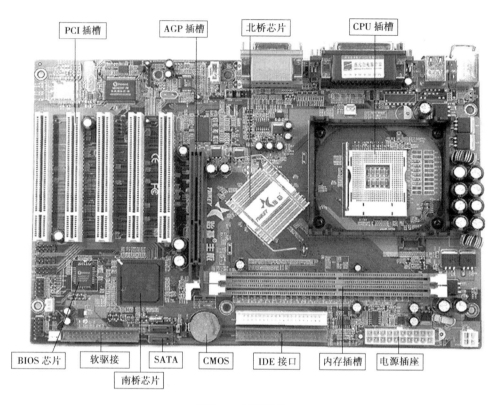

PCI 插槽　AGP 插槽　北桥芯片　CPU 插槽

BIOS 芯片　软驱接　SATA　CMOS　IDE 接口　内存插槽　电源插座

南桥芯片

图 2-1　主板结构

下面,分别来认识主板的结构。

（a）北桥芯片

（b）南桥芯片

控制芯片组

芯片组由北桥芯片和南桥芯片构成。

北桥芯片的主要功能是通过前端总线与 CPU 进行数据交换,并将处理过的数据信号和控制信号传送给内存、图形图像控制组件和南桥芯片。北桥芯片如图（a）所示。

南桥芯片作为主板的外交大使,是基本输入输出的控制中心,一般被安装在 PCI 插槽的前侧。南桥芯片与 BIOS 芯片相通,主要负责对外部设备数据的传输和处理,同时管理 IDE 设备、DMA 通道控制、对 AC 97 音频数据的处理,以及对网络接口、USB 接口的控制和电源管理等。如图（b）所示为典型的南桥芯片。

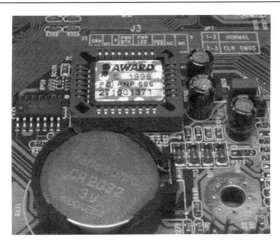

BIOS 芯片

BIOS 芯片

BIOS 的中文意思为基本输入输出系统,它既是硬件又含有软件,是系统中硬件与软件之间交换信息的链接器。在主板 BIOS 芯片的上面,一般都贴有 Award 或者是 AMI 的标识,它是主板上唯一贴有标签的芯片。芯片的内部通常都固化有键盘鼠标、串口并口、软驱和硬盘驱动器等系统启动所必需的基本驱动程序。我们常说的清除 CMOS 设置,实际上就是撤销 BIOS 芯片的后备电源(纽扣电池),让 CMOS 芯片中保存的数据参数恢复到出厂状态。

(a)IDE 设备接口

(b)SATA 接口

IDE 设备接口

IDE 设备接口一般位于主板的底部,有 40 针。两个 IDE 口并在一起,有时一个呈绿色,表示它为 IDE1。因为系统首先检测 IDE1,所以 IDE1 应该接系统引导硬盘,如图(a)所示为 IDE 设备接口。

现在的主板上 IDE 和串行 ATA 接口并存,既支持 ATA133,又支持串行 ATA(即 SATA)。串行 ATA 具有更高传输速率的技术,如图(b)所示为 SATA 接口。

软盘驱动器接口

软盘驱动器接口

软盘驱动器接口用来连接软驱,多位于 IDE 接口旁边,每个主板只有一个软驱插座,通常标注"FLOPPY"或"FDD"或"FDC",它比 IDE 插槽短。现在软盘驱动器基本不用了,主要用 USB 接口的外部存储器代替。

（a）AGP 插槽

（b）PCI 插槽

（c）PCI-E 插槽

主板上的 AGP 和 PCI 插槽

• AGP（图形加速端口）插槽：是专用的显卡插槽。主板上一般只有一个 AGP 插槽。它可以加速显卡的 3D 处理能力，让视频处理器与系统内存直接相连，避免经过窄带宽的 PCI 总线而形成系统瓶颈，同时提高了 3D 图形的数据传输速度，如图（a）所示。

• PCI 插槽：主板上的 PCI 插槽一般有 3~5 个，常见的 PCI 卡有声卡、网卡、电视卡和内置 Modem 等。PCI 插槽如图（b）所示。

• PCI Express 插槽：PCI Express 总线是 PCI 扩展总线的新一代升级标准，简称 PCI-E。该总线采用点对点技术，能够为每一个设备分配独享带宽，不需要在设备之间共享资源，这就充分保障了各设备的宽带资源，从而提高数据传输速率。PCI-E 插槽如图（c）所示。

（a）SIMM 插槽

（b）RIMM 插槽

内存插槽

目前内存插槽种类主要有 3 种：SIMM、RIMM 和 DIMM，但是发展到了今天，DIMM 插槽已经占据了绝大部分江山，而其他两个已经很难在市场上见到了。

SIMM 称为单边接触内存模组插槽，如图（a）所示，在 20 世纪 90 年代初就已经被 DIMM 插槽淘汰。

由于 RIMM 采用的是双通道架构，采用串行模式输出，如图（b）所示，所以在使用的时候必须是两条内存搭配使用，并且一定要将 RIMM 插槽插满才能让系统正常启动运行。所以也被 DDR 淘汰。

（c）SDRAM 插槽

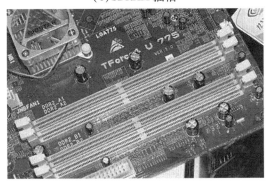

（d）DDR 插槽

DIMM,双边接触内存插槽,目前有两种规格,SDRAM 内存和 DDRSDRAM:SDRAM 插槽的防呆横杠有两道,一道在中间的位置,另一道则在距离侧边 1～2 cm的地方,如图(c)所示而 DDRSDRAM 插槽则只有一道横杠,在中间偏一点的地方,如图(d)所示。

支持双通道模式的主板,一般来说都会有 3～4 根 DIMM 插槽,分为 A1 与 B1、A2 与 B2 两组,分别受北桥中的 A、B 内存控制器控制。当 A1 与 B1 或者 A2 与 B2 同时插入两根容量、结构、工作状态相同的 DDR 内存时,就能实现内存双通道工作模式。现在有些厂商会以 DIMM 插槽的颜色来区分 A、B 两组插槽。

Socket 754 CPU 插槽

CPU 插槽

主板与 CPU 是通过插槽(Slot)和插座(Socket)连接在一起的,一块主板能支持哪种类型的 CPU,由它的 CPU 接口决定。Slot 有 Slot1 和 SlotA 两种,在 20 世纪 90 年代末的时候就已经淘汰。Socket 是插座的意思,而后面的数字则代表着所支持的 CPU 的针脚数量,左图是 Socket 754 插座上的 CPU,有 754 根针脚。

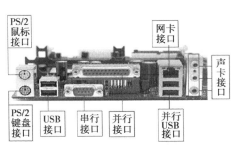

外设接口

外设接口

外设接口包括键盘和鼠标接口、USB 接口、串行接口和并行接口等。

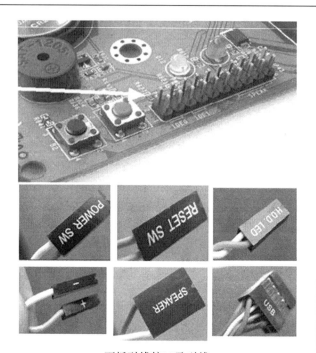

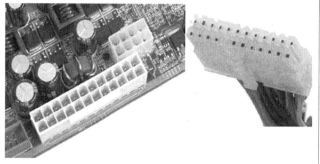

面板引线接口及引线

机箱面板引出线接口

注意，电源灯、硬盘灯的插头均有正负之分，需要把表示正极的深色线插到带"＋"标志的插针中。

POWER LED　电源指示灯

SPEAKER　铃(扬声器)

HDD LED　硬盘指示灯

TURBO LED　跳频指示灯

TURBO SW　跳频控制按键插针

RESET SW Reset　控制按键插针

POWER SW　电源控制按键插针

KEYLOCK　键盘锁

（a）24PIN 主板供电插槽及插头

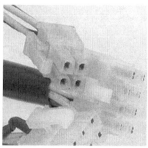

（b）4PIN 处理器供电插槽及插头

电源接口

主板上的电源插座共有两种规格，AT 规格和 ATX 规格。

AT 规格是一种较为传统的插座规格，由 12 芯单列插座，没有防插错结构，将 P8 与 P9 的两根接地黑线紧靠在一起插进去，一定不要把插头插反，否则会烧毁主板。

ATX 是目前广泛使用的电源插座规格，早期的 ATX 电源插座为 20 pin，目前多为 24 pin，但它也向下兼容 20 pin 接口。ATX 电源插座具有防插错结构，如图(a)所示。图(b)为 4PIN 处理器供电插槽及插头。在软件的配合下，ATX 电源可以实现软件关机、键盘开机，Modem 远程唤醒等电源管理功能。

活动2 选购主板

主板作为计算机中一个非常重要的部件,其质量的优劣直接影响着整台计算机的工作性能。

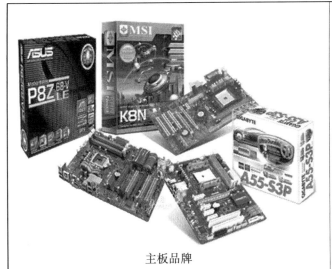

主板品牌

最先考虑的——品牌

目前市场上比较著名的主板品牌有微星、技嘉、华硕等,这些主板的做工、稳定性、抗干扰性等,都处于同类产品的前列,更为重要的是这些品牌生产商提供了免费3年的质保,而且售后服务也非常完善。

Intel 和 AMD 的 CPU

最先确定的——平台

依照支持 CPU 类型的不同,主板产品可以有 AMD、Intel 平台之分,不同的平台决定了主板的不同用途。

AMD 平台有着很高的性价比,而且平台日趋成熟,游戏性能比较强劲。

INTEL 是以稳定著称,但现在价格较高而且发热量过大,但平台的稳定和成熟是毋庸置疑的。

为了挑选到合适的平台,应该先明确自己的使用用途,然后再根据自身的实际需要,有针对性地选择。

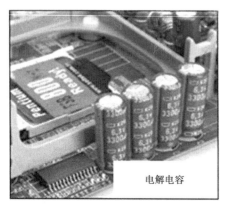

电解电容

陶瓷电容

主板上的电容

最要仔细观察的——做工

主板的做工精细程度会直接影响到主板性能的稳定性。

①主板的印刷电路板厚度。一般情况下有 4 层，当然有的高质量主板可以达到 6 层。

②观察 PCB 板边缘是否很光滑。

③检查一下主板上的各焊接点，是否饱满有光泽，排列是否十分整洁。然后用手感觉一下扩展槽孔内的弹片，是否弹性十足。

④还要看 PCB 板的走线布局，要是布局简单不合理的话。

主板上的电容质量也不能忽视，因为它对主板的供电电压和电流的稳定起着很大的作用。

最容易忽视的——扩展

主板的扩展性能，往往很容易被用户忽视。为此，在选购主板时，千万不要疏忽主板日后的扩展升级"本领"，例如支持内存扩充的能力，以及可以增加的插卡数等，都是主板扩展性能的体现，一般最少都要有 4 个插槽。当然，在注重主板的扩展"本领"时，应讲究适可而止，不能片面地追求多、大。否则，不但不能充分利用扩展性能，还容易造成资源或资金上的浪费。

主板 PCI 插槽

最不能忘记的——服务

考虑到主板的技术含量比较高,而且价格也不便宜,即使质量再好的产品,也可能会出现问题,因此在挑选主板时,一定不能忘记商家能否为自己提供完善的售后服务。

主板维修

任务二 选购 CPU

【任务描述】

一台计算机,最重要的核心部件就是 CPU,选好一个 CPU,对于计算机的性能影响巨大。本任务讲解了 CPU 的基本理论知识、组成与功能原理以及当前市场的 CPU 行情,并针对客户的现实情况,介绍合理的选购方案。学习完本任务之后,你将:

◆ 了解 CPU 的发展史,知道 CPU 的主流产品;
◆ 熟悉 CPU 的性能指标;
◆ 熟悉 CPU 的选购方法。

【相关知识】

 一、考察 CPU 的主流产品

1. 了解 CPU 的发展史

CPU(Central Processing Unit),中央处理器或中央处理单元,是计算机系统的核心部件,是计算机的大脑。它包括运算器和控制器,是完成各种运算和控制的核心。CPU 的性能高低直接影响着整台计算机的性能。CPU 的发展历史是和计算机的发展历史紧密结合在一起

的,根据微处理器的字长和功能,可划分为以下几个阶段:

 (a)第一款微处理器芯片4004  (b)8008 处理器	**诞生**(1971—1977 年) 1971 年,Intel 公司成功地把传统的运算器和控制器集成在一块大规模集成电路芯片上,发布了第一款微处理器芯片 4004,如图(a)所示,它能同时处理 4 位数据。 1972 年,Intel 公司研制出 8008 处理器,字长为 8 bit,如图(b)所示。
 (a)8 位的 8088 处理器  (b)80286 处理器	**16 位时代**(1978—1984 年) 1978 年 6 月 8 日,Intel 公司推出了首枚 16 位微处理器 8086,1979 年又推出 8 位的 8088 处理器如图(a)所示。 1982 年,Intel 推出了 80286 处理器,如图(b)所示。IBM 公司将 Intel 80286 处理器用在 IBM PC/AT 机中。
 (a)80386DX 处理器	**32 位时代**(1985—2002 年) 1985 年,Intel 发布 80386DX 处理器,如图(a)所示。除 Intel 公司生产 386 芯片外,还有 AMD、Cyrix、IBM、TI 等公司也生产与 80386 兼容的芯片。 1993 年,Intel 公司发布了 Pentium(奔腾)处理器。第一代的 Pentium 代号为 P54C,采用 Socket 4 架构,如图(b)所示。与 Pentium MMX 属于同一级别的 CPU 有 AMD K6 与 Cyrix 6x86 MX 等。

（b）Pentium

2004 年 6 月，Intel 推出了 Socket LGA775 架构的 Pentium 4、Celeron D 及 Pentium 4 EE 处理器。Socket LGA775 架构处理器的外观如图（c）所示。

（c）Pentium 4

（a）Athlon 64

（b）酷睿 2

64 位时代（2003—未来）

2003 年 9 月，AMD 发布了桌面 64 位 Athon 64 系列处理器（也称 K8 架构）。K8 在很多应用上都领先当时的 Intel Pentium D。Athlon 64 如图（a）所示。Intel 公司于 2005 年 2 月发布了桌面 64 位处理器，命名为 Pentium 4 5X1，以后缀为 1 来表示。

Intel 在 2005 年 4 月发布了双核心处理器，命名为 Pentium D。

2006 年 7 月，Intel 发布了新一代的全新的微架构桌面处理器——Core 2 duo（酷睿 2），如图（b）所示。至此，Intel CPU 进入了多核时代。

2. 考察 CPU 主流产品

35

CPU 的外观标识了 CPU 的品牌，外观上的每一个标识都有具体含义。

 Intel 和 AMD 公司 logo	英特尔公司是全球最大的半导体芯片制造商,它成立于 1968 年。1971 年,英特尔推出了全球第一个微处理器。现在的市面上主要存在两大 CPU 生产厂家:Intel 和 AMD 公司。
 CORE i7	根据不同用户的需要和使用范围,Intel 将产品分为低端、中端和高端系列,我们可以通过包装上的标识进行区分。 ● 高端:酷睿 i7 3770k,4 核心 8 线程。 ● 中端:酷睿 i3 3240,2 核心 4 线程。 ● 低端:奔腾 G860、G645,2 核心。 ● 最低水平:赛扬 G540,2 核心线程。
 AMD 羿龙 Ⅱ X6 1100T	AMD 公司同样也有高、中、低端产品。 高端:羿龙六核产品,羿龙 Ⅱ X6 ,例如 1100T。 中端:速龙 Ⅱ X4 630、635、640、645 等。 低端:主要是以前的 5000 +、5200 + 系列。 2##是双核,4##、7##是三核,8##、9##是四核,10##是六核。

 二、认识 CPU 的外部结构和 CPU 风扇

1. CPU 外部结构

从外部看 CPU 的结构,主要由两个部分组成:一个是核心,另一个是基板。

(1)CPU 的核心

揭开散热片后看到的核心如图 2-2 所示。

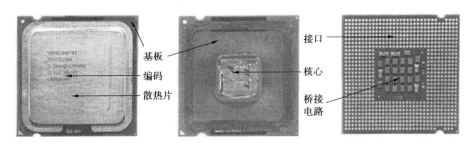

图 2-2　CPU 的核心

（2）CPU 的基板

CPU 的基板就是承载 CPU 核心用的电路板，它负责核心芯片和外界的数据传输。

（3）CPU 的编码

在 CPU 的编码中，都会注明 CPU 的名称、时钟频率、二级缓存、前端总线、核心电压、封装方式、产地、生产日期等信息，如图 2-3 所示。

图 2-3　CPU 上刻印标识

（4）CPU 的接口

CPU 需要通过某个接口与主板连接。CPU 采用的接口方式有引脚式、卡式、触点式、针脚式等。目前 CPU 的接口主要是针脚式和触点式，对应到主板上就有相应的接口类型。不同类型的 CPU 有不同的 CPU 接口，因此选择 CPU 就必须选择带有与之对应接口类型的主板。主板 CPU 接口类型不同，在插孔数、体积、形状等方面都有变化。

●Socket 接口：是方形多针脚孔 ZIF（Zero Insert Force，零插拔力）接口，接口上有一根拉杆，在安装和更换 CPU 时只要将拉杆向上拉出，就可以轻易地插进或取出 CPU。

●Socket A 接口：也称 Socket 462，是 AMD 公司为 Socket A 架构的 Athlon 处理器设计的接口标准。Athlon、Duron 和 Athlon XP 处理器都采用相同的 Socket A 接口，如图 2-4 所示。

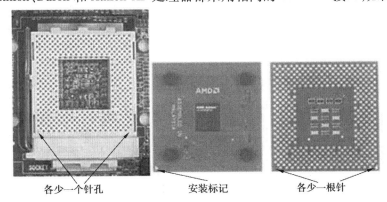

各少一个针孔　　　安装标记　　　各少一根针

图 2-4　Socket 462

Socket 478 接口：是采用 mPGA 478 的 Pentium 4 系列处理器所采用的接口类型，如图 2-5 所示，针脚数为 478 针。Socket 478 的 Pentium 4 处理器面积很小，其针脚排列极为紧密。

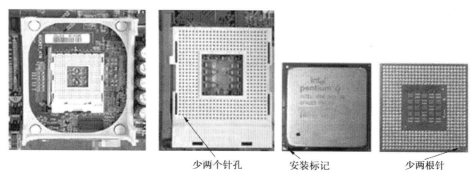

少两个针孔　　　　　　安装标记　　　　　　少两根针

图 2-5　Socket 478 接口

Socket 775 LGA 接口：是目前 Intel LGA775 封装的 CPU 所对应的处理器接口，支持 LGA775 封装的 Core 2 Extreme、Core 2 Quad、Core 2 Duo、Pentium 4、Celeron D、Pentium D 等型号 CPU。Socket 775 插槽没有 CPU 针脚插孔，采用的是 775 根有弹性的触须状针脚（其实是非常纤细的弯曲的弹性金属丝），通过与 CPU 底部对应的触点相接触而获得信号，如图 2-6 所示。

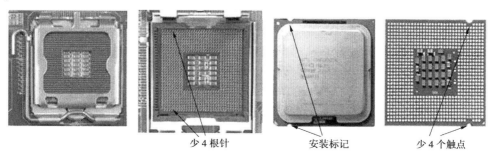

少 4 根针　　　　　　　安装标记　　　　　　少 4 个触点

图 2-6　Socket 775 接口

2. CPU 散热器

CPU 散热器根据散热原理可分为风冷式、热管散热式、水冷式、半导体制冷和液态氮制冷等几种。最常用的散热器采用风冷式。

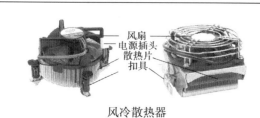

风扇
电源插头
散热片
扣具

风冷散热器

风冷散热器主要由散热片、风扇和扣具构成。其中风扇电源插头大多是两芯的，一红一黑，红色是 +12 V，黑色为地线。有些是三芯，是在原来两线的基础上加入了一条蓝线（或白线），主要用于侦测风扇的转速。

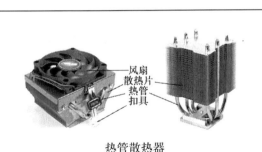

风扇
散热片
热管
扣具

热管散热器

热管散热器分为有风扇主动式和无风扇被动式散热器两种。

 三、认识 CPU 的性能指标

• 主频:是 CPU 内核运行时的时钟频率,即 CPU 的时钟频率(CPU Clock Speed)。通常主频越高,CPU 的速度越快。

• 外频:又称外部时钟频率,它和计算机系统总线的速度一致,是 CPU 与外部设备(内存、硬盘、主板)交换数据时的速度。外频越高,CPU 的运算速度越快。目前,CPU 的外频主要有 133、200、266 MHz。

• 前端总线"FSB"(Front Side Bus):是 CPU 和北桥芯片之间的通道,负责 CPU 与北桥芯片之间的数据传输。

• 倍频:是指 CPU 的时钟频率和系统总线频率(外频)相关的倍数,倍频越高,时钟频率就越高,倍频 = 主频/外频。

• 超频:CPU 在超越标准主频的频率下工作,通过提高外频或倍频实现。

• 高速缓存(Cache):是一种速度比主存更快的存储器,其功能是减少 CPU 因等待低速主存所导致的延迟,以改进系统的性能。Cache 在 CPU 和主存之间起缓冲作用,Cache 可以减少 CPU 等待数据传输的时间。CPU 需要访问主存中的数据时,首先访问速度较快的 Cache,当 Cache 中有 CPU 所需的数据时,CPU 将不用等待,直接从 Cache 中读取。因此,Cache 技术直接关系到 CPU 的整体性能。当然,Cache 并不是越大越好,当其大小到达一定水平后,如果不及时更新 Cache 算法,CPU 性能将没有本质上的提高。

Cache 一般分为 L1 Cache(一级缓存)、L2 Cache(二级缓存)及 L3 Cache(三级缓存)。

• 多核心技术:2005 年以前,单纯地提升主频已无法为系统整体性能的提升带来明显的效果,并且高主频也带来了处理器巨大的发热量。在这种情况下,出现了多核心处理器系统。

双核心处理器是在一个处理器上拥有两个功能相同的处理器核心,就是将两个物理处理器核心整合到一个内核中。

目前,市场上主流家用 PC 中的 CPU 已经采用四核心技术。

• CPU 的工作电压:CPU 内核工作电压越低则表示 CPU 制造工艺越先进,也表示 CPU 运行时耗电越少。CPU 运行时需要由主板分别提供 I/O 电压和内核电压。

CPU 内核电压的高低主要取决于 CPU 的制造工艺,也就是通常说的"250 nm"和"180

nm"。一般制造工艺数值越小,核心工作电压越低,电压一般在 1.3 ~ 3 V。提高 CPU 的工作电压可以提高 CPU 工作频率,但是过高的工作电压会带来 CPU 发热,甚至烧坏 CPU。目前 Core 2 Duo 处理器的工作电压为 0.85 ~ 1.35 V。

 任务实施

活动 1　选购 CPU

选购 CPU 的两个角度,从用户角度和产品角度来考虑。

(1)用户角度

- 选择 Intel 还是 AMD。

Intel 与 AMD 的特点:AMD 芯片在运行 3D 游戏时表现不错,Intel 芯片在多媒体方面更加优秀。Intel 生产与 CPU 匹配的主板芯片组。AMD 需要其他厂家为其生产主板芯片组。因此 Intel 的 CPU 兼容性、稳定性、发热量比较出色。

- 选择低端还是高端 CPU(产品价格)。

要根据产品的用途来选择,没必要一味追求高性能。如果只是普通应用,那么选择低端的 CPU(如赛扬)就足够了。如果要运行较大的程序,可选择较高端的 CPU。性能价格比(性价比)是考虑的主要因素。

(2)产品角度

市场上有 3 种类型的 CPU:原包盒装、假盒装、散装。

- 盒装和散装的区别。

盒装自带散热器,散热效果好,享受 3 年质保,散装的只有 CPU,一年质保。此外,散装的 CPU 有可能是旧 CPU 或超频过的 CPU。

很多购机者在装机时总是喜欢选择 Intel 或 AMD 的原包盒装 CPU,但是因为原包盒装 CPU 和散装之间存在着不小的差价,所以市场上的很多不法商家便把散装 CPU"打造"成原包盒装 CPU 来出售,牟取差价,所以识别原包盒装 CPU 的真伪很必要。

- 盒装和假盒装的识别。

盒装和假盒装的识别注意以下几点:

①观察外包装盒是否被拆过,是否有防伪标志(防伪序列号)。

②盒内的塑料包装是否被拆过。

③观察散热器品质,还可通过拨打免费查询电话来辨别真伪——Intel:8008201100,AMD:8008106046。

④外包装盒上的 CPU 序列号要与散热器上的序列号一致。

活动 2　向不同客户推荐不同型号的 CPU

假设你是一名销售顾问,请在 Intel 的 i-530、i5-750、i-920 三款 CPU 中向客户推荐一款,并说出你的理由。

任务三　选购内存

【任务描述】

我们常常会说:计算机运行速度太慢了,需要增加一块内存。可是内存是什么呢? 内存在计算机里能起到什么作用呢? 难道计算机运行速度慢了,加个内存就可以解决问题吗? 内存应如何选购? 学习完本任务之后,你将:

◆ 了解内存的功能与分类;

◆ 了解内存的性能指标;

◆ 了解内存的主流产品;

◆ 熟悉内存的选购方法。

【相关知识】

一、内存的功能与分类

内存(memory)又称为主存或内部存储器,其功能和分类如下。

1. 内存的功能

内存是计算机的核心部件之一,内存的质量决定了计算机能否充分发挥其工作性能、能否稳定的工作。从功能上理解,可以将内存看做是内存控制器与 CPU 之间的桥梁,内存也就相当于“仓库”。显然,内存的容量决定“仓库”的大小,而内存的速度决定“桥梁”的宽窄,两者缺一不可,这也就是常说的“内存容量”与“内存速度”。

当 CPU 需要内存中的数据时,它会发出一个由内存控制器所执行的要求,内存控制器接着将要求发送至内存,并在接收数据时向 CPU 报告整个周期(从 CPU 到内存控制器,内存再回到 CPU)所需的时间。毫无疑问,缩短整个周期是提高内存速度的关键,而这一周期就是由内存的频率、存取时间、位宽来决定。更快速的内存技术对整体性能表现有重大的贡献,但是提高内存速度只是解决方案的一部分,数据在 CPU 以及内存间传送所花的时间通常比处理器执行功能所花的时间更长,为此缓冲区被广泛应用。其实,缓冲器就是 CPU 中的一级缓存与二级缓存,它们是内存这座“大桥梁”与 CPU 之间的“小桥梁”。

2. 内存的分类

按照工作原理,可分为只读存储器 ROM 和随机存储器 RAM。

（a）ROM

（b）EPROM

（c）Flash ROM

ROM（Read Only Memory，只读存储器）：常用于存储计算机重要的信息，例如计算机主板的 BIOS（基本输入/输出系统）。ROM 又分为一次写 ROM（如图（a）所示）和可改写 ROM-EPROM。

● EPROM：指的是"可擦写可编程只读存储器"（如图（b）所示）。它的特点是具有可擦除功能，擦除后即可进行再编程，但是缺点是擦除需要使用紫外线照射一定的时间。一个编程后的 EPROM 芯片的"石英玻璃窗"一般用黑色不干胶纸盖住，以防止遭到阳光直射。

● Flash ROM：指的是"闪存"（如图（c）所示），它也是一种非易失性的内存，属于 EEPROM 的改进产品。目前"闪存"被广泛用在 PC 机的主板上，用来保存 BIOS 程序，便于进行程序的升级。其另外一大应用领域是用来作为硬盘的替代品，具有抗震、速度快、无噪声、耗电低的优点。

（a）SRAM

（b）动态 RAM

● RAM（Random Access Memory，随机读写存储器）：就是常说的"内存"，RAM 可被看做是计算机中使用的临时存储区，它能暂时存储程序运行时需要使用的数据或信息等。目前广泛使用的 RAM 也有两种类型，SRAM 和动态 RAM。

● SRAM（Static RAM，静态随机存储器），如图（a）所示。它运行速度非常快，也非常昂贵，其体积相对来说也比较大，CPU 内的一级、二级缓存就是使用了此 SRAM。

● 动态 RAM（如图（b）所示）是一种 RAM 类型，通常说的内存（即计算机系统主内存）就是使用了此种动态 RAM。动态 RAM 比 SRAM 慢，但同时也比 SRAM 便宜得多，在容量上也可以做得更大。

二、认识内存的性能指标

内存性能指标是反映其性能的重要参数。下面将介绍内存的一些主要性能指标。

品牌类型:金士顿 2 GB DDR3 1333

基本参数

适用类型:台式机

内存容量:2 GB

内存类型:DDR3

内存主频:1 333 Mz

针脚数:240 pin

插槽类型:DIMM

传输标准:PC3-10600

技术参数

颗粒封装:FBGA

CL 延迟:9-9-9-24

内存校验:ECC

工作电压:1.5 V

金士顿 2 GB DDR3 1333

• 类型:内存的类型主要是按照工作性能进行分类,目前最好的内存是 DDR3。

• 容量:容量是选购内存时优先考虑的性能指标,SDRAM 内存条常见的内存容量有 256、512 MB 甚至 1 GB,单条 DDR 和 DDR2/3 内存条常见的内存容量为 1、2、4 GB 等。

• 内存速度:内存主频和 CPU 主频一样,习惯上被用来表示内存的速度,以 MHz 为单位。内存主频越高,在一定程度上代表着内存所能达到的速度越快。目前 DDR3 主频有 1 333、1 600、2 000 MHz 等。

• 内存电压:内存能稳定工作时的电压称为内存电压。必须对内存不间断地进行供电,才能保证其正常工作。SDRAM 内存一般使用 3.3 V 电压,RDRAM 和 DDR 均采用 2.5 V 工作电压,DDR 2 采用 1.8 V 工作电压,DDR3 采用 1.5 V 工作电压。

• Cl:是指内存在工作过程中的延迟时间。比如 9-9-9-27,第一个 9 表示 CAS 信号(列地址信号)传输的延迟时间,第二个 9 表示 RAS(行地址信号)传输的延迟时间,第三个 9 表示 RAS 预充电延迟时间,27 表示内存存取数据的一个周期延迟时间。这些值越小,表示内存性能越好。左图是一款 DDR3 内存的各项性能指标。

双通道主板

双通道内存技术其实是一种内存控制和管理技术,它依赖于芯片组的内存控制器发生作用,在理论上能够使两条同等规格内存所提供的带宽增长一倍。在主板上一般用相同的颜色区分。双通道内存技术是解决 CPU 总线带宽与内存带宽的矛盾的低价、高性能的方案。

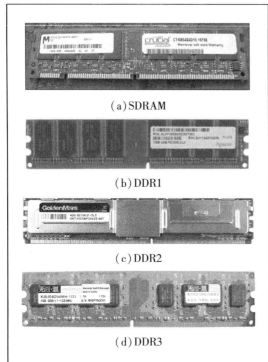

(a) SDRAM

(b) DDR1

(c) DDR2

(d) DDR3

SDRAM、DDR1、DDR2、DDR3 的区别

• SDRAM：两个缺口、单面 84 针脚、双面 168 针脚，如图（a）所示。

• DDR1：一个缺口、单面 92 针脚、双面 184 针脚、左 52 右 40、内存颗粒长方形，如图（b）所示。

• DDR2：一个缺口、单面 120 针脚、双面 240 针脚、左 64 右 56、内存颗粒正方形、电压 1.8 V，如图（c）所示。

• DDR3：一个缺口、单面 120 针脚、双面 240 针脚、左 72 右 48、内存颗粒正方形、电压 1.5 V，如图（d）所示。

SDRAM 在一个时钟周期内只传输一次数据，它是在时钟的上升期进行数据传输；而 DDR 内存则是一个时钟周期内传输两次数据。DDR1 的主频为 266/333/400，DDR2 的主频为 400/533/667 MHz，DDR3 的频率则更高。DDR3 相比 DDR2 有更低的工作电压，从 DDR2 的 1.8 V 降到 1.5 V。

三、了解内存的组成

内存从外部结构上看由金手指、集成电路 PCB 板、SPD 芯片、内存芯片等组成，这里以威刚（A-DATA）的 DDR3 内存条为例介绍 DDR3 内存条的结构，如图 2-7 所示。

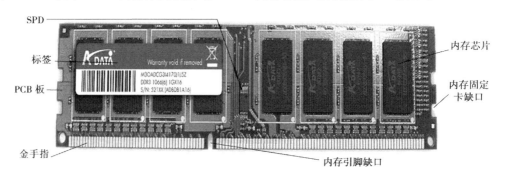

图 2-7　DDR3 内存条的结构

• PCB 板：PCB 板的电气性能也是决定内存稳定性的关键，各种电子元件以及内存芯片都集中在其中一面，导线则集中在另一面。内存条的 PCB 板多数是绿色的。PCB 板设计很精密，采用了多层设计，例如，4 层或 6 层等，其内部也有金属的布线。

• 金手指：金手指实际上是在一层铜皮（也称覆铜板）上通过特殊工艺再覆上一层金，因为金不易被氧化，具有超强的导通性。内存处理单元的所有数据流、电子流正是通过金手指与内存插槽的接触点与 PC 机系统进行交换,作为输出输入端口。做工出色的内存其金手指富有金属光泽,圆润无毛刺。

- 内存芯片:内存上的芯片也称为内存颗粒,内存的性能、速度、容量都是由内存芯片决定的。内存芯片上都印刷有芯片标签,这是了解内存性能参数的重要依据。不同厂商的内存颗粒在速度、性能上也有很多不同。一般内存每面焊接 8 片内存芯片,如果多出一个空位没有焊接芯片,则这个空位是预留 ECC 校验模块的位置。

- 内存固定卡缺口:内存条插到主板上后,主板上的内存插槽会有两个夹子牢固地扣住内存,这个缺口便是用于固定内存用的。

- 内存针脚缺口:内存针脚上的缺口一是用来防止内存插反,二是用来区分不同的内存,以前的 SDRAM 内存条是有两个缺口的,而 DDR 则只有一个缺口,不能混插。

- SPD(Serial Presence Detect,串行存在检测):是一个 8 针脚的小芯片,它实际上是一个 EEPROM 可擦写存储器,容量为 256 字节,可以写入一点信息,信息中包括芯片厂商、内存厂商、工作频率、容量、电压、行地址/列地址数量、是否具备 ECC 校验、各种主要操作时序(如 CL、tRCD、tRP、tRAS) 等,以协调计算机系统更好地工作。

- 标签:内存条上一般有芯片标签,通常包括厂商名称、单片容量、芯片类型、工作速度、生产日期等内容,其中还可能有电压、容量系数和一些厂商的特殊标识。芯片标签是观察内存条性能参数的重要依据。

 任务实施

活动 选购内存

内存选购主要从以下几个方面考虑:

(1)品牌

- 威刚内存:威刚是中国台湾地区的第一大独立内存厂商,在市场上的占有率也较高,其品质和售后服务都得到用户的首肯。而威刚旗下的万紫千红系列更是以超低的价格赢得学生的喜爱。威刚假货较少的主要原因是其零售价格较低,并且渠道体系良好,使得假货很难流通。

- KINGMAX 内存:KINGMAX 内存在消费者口中一直是没有假货的模范产品。其主要原因是在内存 PCB 中央位置焊接了红色"关公防伪芯片"以及 SPD 芯片,使得造假难度大幅提升。

- 现代内存:原厂现代和三星内存是目前兼容性和稳定性较好的内存条,此外,现代"Hynix(更专业的称谓是海力士半导体 Hynix Semiconductor Inc.)"的 D43 等颗粒也是目前很多高频内存所普遍采用的内存芯片。

- 金士顿:是世界第一大内存生产厂商,其产品在进入中国市场以来,就凭借优秀的产品质量和一流的售后服务,赢得了众多中国消费者的心。不过金士顿品牌的内存产品使用的内存颗粒却是五花八门,既有金士顿自己颗粒的产品,更多的则是现代(Hynix)、三星(Samsung)、南亚(Nanya)、华邦(Winbond)、英飞凌(Infinoen)、美光(Micron)等众多厂商的内存颗粒。

（2）内存的外观

一般大品牌厂商生产的内存做工精细，选料考究，可以从金手指颜色是否鲜艳，排列是否整齐来分辨。

（3）内存颗粒

正品内存的颗粒大都采用正规原厂的品牌颗粒，并且内存颗粒的型号清晰可见。然而一些假冒内存则使用质量不过关的劣质内存颗粒，甚至有些人将旧的内存颗粒重新打磨后，再卖给消费者，这样的内存性能就大打折扣了。注意，颗粒对内存的性能发挥非常重要，选内存一定要注意内存颗粒的编号是否清晰可见，是否有打磨过或者篡改的痕迹。

（4）做工

正品内存做工精细，用料考究。整个内存布局规则，PCB 板的线路清晰明了，焊点整齐，电阻排列错落有位。正品内存一般情况下在右边都会有个黑色的小方块，这个小方块称 SPD，是用来稳定内存性能的，而有些假冒的内存为了节约成本则省略了这个部件，而使内存变得不稳定，导致系统频繁死机。

任务四　选购磁盘驱动器

【任务描述】

磁盘驱动器主要是指硬盘和光驱。硬盘，是计算机中广泛使用的外部存储设备，它具有存储容量大和存取速度快等优点。光驱，用于读写光盘中的数据。了解硬盘和光驱的组成与技术参数是必要的。学习完本任务之后，你将：

◆了解硬盘的组成结构和作用；

◆识别硬盘的不同接口类型；

◆熟悉硬盘、光驱的选购方法。

【相关知识】

一、了解硬盘的结构

硬盘是计算机中用来存储大容量和永久性数据的部件，因此它是最重要的外部存储器。在任何个人计算机系统中，硬盘都是最重要的部件之一。平时使用的操作系统、应用软件、游戏及其他重要数据等都是存储在硬盘中。

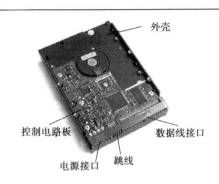

硬盘的外部结构

硬盘的外部结构

硬盘的外部结构比较简单,其正面一般是一张记录了硬盘的相关信息的铭牌,背面是硬盘工作的主控芯片和集成电路,后侧是硬盘的电源线和数据线接口。

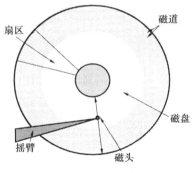

(a)硬盘的内部结构

(b)磁道、扇区示意图

硬盘的内部结构

硬盘的内部结构如图(a)所示,所有的磁盘盘片都固定在一个旋转轴上,这个轴称为盘片主轴。在每个磁盘盘片的存储面上都有一个磁头,磁头与盘片之间的距离比头发丝的直径还小。所有的磁头连在一个磁头控制器上,由磁头控制器负责各个磁头的运动。

硬盘盘片一般采用硬质合金制造,表面上被涂上了磁性物质,通过磁头的读写,将数据记录在其中,磁头能够通过电流的变化去感应盘片上记录的内容。

磁盘盘片在格式化时被划分成许多同心圆,这些同心圆轨迹称为磁道。磁道从外向内从 0 开始顺序编号。硬盘的每一个盘面有 300 ~ 1 024 个磁道。这些同心圆不是连续记录数据,而是被划分成一段的圆弧,每段圆弧称为一个扇区,扇区从"1"开始编号,每个扇区中的数据作为一个单元同时读出或写入,形式如图(b)所示。

硬盘接口

目前最常见的数据传输接口有 PATA(IDE)、SATA、SCSI 3 种,前两种接口方式主要应用在个人 PC 上,而 SCSI 接口则主要使用在服务器领域。

IDE 接口采用的是并行传输模式(如图(a)所示),SATA 接口采用的是串行传输模式(如图(b)所示)。SATA 硬盘接口比 IDE 硬盘接口速度要快,已经达到 300 MB/s 的速率。

(a)IDE 硬盘接口

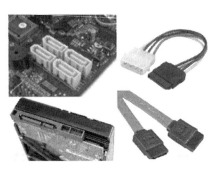

SCSI 接口的硬盘价格较高,主要使用在服务器和工作站中,部分高端主板也集成了 SCSI 控制器,目前主流的主板要支持 SCSI 设备必须安装 SCSI 卡,所以其使用范围受到了一定的制约。

（b）SATA 硬盘接口

 二、认识硬盘的性能指标

1. 容量

通常所说的容量是指硬盘的总容量。注意,一般硬盘厂商定义的单位 1 GB = 1 000 MB,而系统定义的 1 GB = 1 024 MB,所以会出现硬盘上的标称值小于格式化容量的情况,这算是业界惯例。还有一种是指单碟容量,单碟容量就是指一张碟片所能存储的字节数。现在硬盘的单碟容量一般都在 20 GB 以上,随着硬盘单碟容量的增大,硬盘的总容量已经可以达到上百甚至上千 GB 了。目前,市场上所售的硬盘容量大都在 500 GB 以上。

2. 转速

转速是指硬盘内电机主轴的转动速度,单位是 RPM（每分钟旋转次数,表示转/每分钟）。其转速越高,内部传输速率就越高。目前一般的硬盘转速为 5 400 r/min 和 7 200 r/min,最高的转速则可达到 10 000 r/min 以上。可以这样理解:当磁头在盘片定位寻找数据时,如果盘片转动速度越快,磁头则可更快地定位到要寻找的数据,那么硬盘一秒钟内可读取的数据就越多。特别是在读取游戏和拷贝大量数据时,转速高低就能明显地体现出来。

3. 缓存

硬盘缓存是为解决硬盘的存取速度和内存存取速度不匹配而设计的（类似于 CPU 的一、二级缓存）。缓存的容量因为其造价太高,而不可能做得太大。现在 5 400 r/min 的硬盘的缓存有 512 kB 和 2 MB 两种,7 200 r/min 的硬盘的缓存通常为 2 MB 或者 8 MB,还有一些高端的型号采用了更大的缓存以提高硬盘性能。硬盘缓存越大,一次的数据吞吐量就越大,性能也就更好。

三、认识光驱

　　光驱是光盘驱动器的简称,是计算机用来读写光碟的组件。随着多媒体的应用越来越广泛,使光驱在计算机的诸多配件中已经成为标准配置。光驱可以用来读写各类 CD、DVD 光盘,光盘通常可分为 CD-ROM、DVD-ROM、CD-RW、DVD-R 等。

 DVD 光驱	**DVD 光驱功能和特点** 　　DVD(Digital Video Disk),即数字视频光盘或数字影盘,它利用 MPEG2 的压缩技术来存储影像。DVD 驱动器能够兼容 CD-ROM 的盘片。 　　DVD 的主要特点:大容量、高画质、高音质、高兼容性。 　　DVD 目前有 4 种规格:单面单层 DVD,最大存储容量为 4.7 GB;单面双层 DVD,最大存储容量为 9.4 GB;双面单层 DVD,能存储 8.5 GB 的信息;双面双层 DVD,目前最大存储量为 17.8 GB。
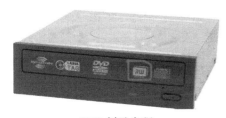 DVD 刻录光驱	**DVD 刻录机** 　　DVD 刻录机规格有 DVD-RAM、DVD + R/RW、DVD-R/RW 3 种。 　　DVD – RAM 是早期 DVD 格式,必须在专用的烧录机或录放映机上读取。 　　DVD – R/RW 是日本先锋公司研发出的,并得到了 DVD 论坛的大力支持。 　　DVD + R/RW 是由索尼、飞利浦、惠普研发,不属于 DVD 论坛的标准,因而与 DVD-RAM、DVD-R/RW 差异很大,但是具有容量比较大、兼容性比较好等特点,目前市面上大多数 DVD 机能够读取 DVD + R/RW 盘。
 DVD 光驱	**DVD 的性能指标** ● 读取速度,单倍速 1 358 kbit/s; ● 可支持的盘片标准; ● 高速缓存存储器的容量; ● 选购 DVD 刻录机; ● DVD 刻录机的规格; ● DVD 刻录机的工作稳定性和发热量; ● DVD 刻录机缓存的大小; ● DVD 刻录机的质保时间。

任务实施

活动1 选购硬盘

假如你是一名销售顾问,要为某个客户选配一个合适他的硬盘,说出你的选配理由和选配过程。下面我们提供选购硬盘的方法,供读者参考。

(1)考虑品牌和容量

目前,硬盘市场分别由希捷(Seagate)、迈拓(Maxtor)、西部数据(Wester Digital)等几家厂商所瓜分。主流硬盘的容量为 500 GB 和 1 TB,全球最大单盘容量达到 2 TB。500 GB 的产品市场已经相当成熟,价格也合理,而 2 TB 或以上产品则还属高价系列,普通消费者甚少考虑。

(2)考虑 SATA 接口标准

目前市场中大部分硬盘都采用了 SATA 接口,但所采用的标准也不同。购买串口硬盘须留意,SATA-2.5 才是标准的。

(3)其他选购注意事项

目前,SATA 2.5 规格的硬盘已经全面普及,但在购买时要注意以下事项:

• 缓存容量。

在 IDE 接口的 PATA 并口硬盘中,内存的容量一般为 2 MB,当然也有 8 MB 缓存的产品。SATA 串口硬盘的缓存容量则全面提升到了 8 MB,很多 500 GB 以上的大容量硬盘的缓存容量达到了 16 MB,但价格昂贵,而且并不多见,因此在购买硬盘时要注意观察,一般在盘体或包装盒上都有标识。

• 硬盘的单碟容量。

随着技术的不断发展,硬盘的单碟容量也越做越大。

• 硬盘的质保。

在国内,对于硬盘的售后服务和质量保障这方面各个厂商做得都不错,尤其是各品牌的盒装硬盘还为消费者提供三年或五年的质量保证,切记不要购买水货硬盘。

关于各大硬盘厂商的质保,一般有以下几种情况:一种是提供一年质保的产品,市场中希捷、西部数据的散装产品较多;一种是提供三年质保的产品,以日立与三星的产品为主,均为盒装产品;还有一种是提供长达五年质保服务的盒装产品,以希捷为主,前三年是国内质保,后两年的质保则要到生产地进行维修。注意:无论哪一种情况的质保,在质保期内硬盘如果损坏,则仅更换相同容量、相同型号的产品(并非新品),并且硬盘中的数据厂商是不提供任何服务的,所以大家平时一定要做好备份,把重要的数据刻录成盘保存。

活动2 选购光驱

通过所学知识或上网查询相关资料,总结你是如何选购光驱的。

光驱的选购和硬盘的选购方法差不多,这里不再赘述。

任务五 选购显卡和显示器

【任务描述】

计算机的输出是通过显卡输出到显示器上的。显卡工作在主板与显示器之间,其基本作用是控制图像的输出,负责把 CPU 送来的图像数据处理成显示器接收的格式,再送到显示器形成图像。目前,显卡已经成为继 CPU 之后发展最快的部件,计算机的图像性能已经成为决定计算机性能的一个重要因素。完成本任务之后,你将:

◆认识显卡的组成和作用;
◆识别显示器的类型,掌握 CRT 和 LCD 显示器的主要性能指标;
◆了解显卡和显示器的性能指标;
◆掌握显卡和显示器的选购技巧。

【相关知识】

一、显卡的组成

显卡又称显示卡、视频适配器、或图形适配器、显示适配器,它是显示器与主机通信的控制电路和接口。显卡是一块独立的电路板,安装在主板的扩展槽中。在 All-in-one 结构的主板上,显示卡直接集成在主板上。

显卡由显示芯片、VGA BIOS、显存、输出接口、PCB 板等部分组成。

显示芯片

显示芯片

显示芯片就像专门用来处理图像的 CPU,目前常见的显卡芯片上都有散热芯片或散热风扇,可使显卡稳定工作。

常见的显卡主芯片主要有 NVIDIA 系列的 GeForce4 和 GeForceFX 等;ATi 系列的 ATi RADEON 8500 和 ATi RADEON9700 等。

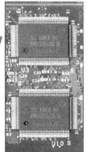

显示内存

显存

显存(Video RAM)用来暂存显示芯片处理的数据,其容量与存取速度将直接影响显示的分辨率及其色彩位数。

VGA BIOS

VGA BIOS

VGA BIOS 里包含了显示芯片和驱动程序的控制程序、产品标识等信息,这些信息一般由显卡厂商固化在 ROM 芯片里,这颗芯片就被称为 VGA BIOS 芯片。

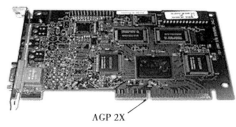

AGP 2X

显卡的总线接口

显示卡必须与主板交换数据后才能工作,因此必须把它插在主板上,这就必须有与之对应的总线接口(Bus Interface)。

显卡的总线接口类型主要有 ISA 总线接口、PCI 总线接口、AGP 总线接口和 AGP Pro 总线接口和 PCI-E 总线接口等。

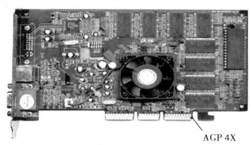

AGP 4X

显卡的总线接口

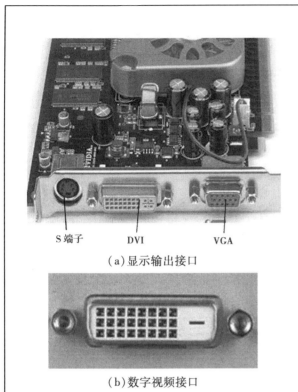

（a）显示输出接口

（b）数字视频接口

显示输出接口（如图（a）所示）

VGA（Video Graphics Array，视频图形阵列）接口，也就是D-Sub15接口，从外形看，是排了3列，每列5针共15针的方式。第二列上省去了无定义的针脚，作用是将转换好的模拟信号输出到CRT或者LCD显示器中。

DVI（Digital Visual Interface，数字视频接口）接口，如图（b）所示。传输的数字视频信号无须转换，信号无衰减或失真，显示效果提升显著，将是VGA接口的替代者。DVI接口可以分为两种：仅支持数字信号的DVI-D接口和同时支持数字与模拟信号的DVI-I接口。

S-Video（S端子，Separate Video）接口，也称二分量视频接口，一般采用五线接头，它是用来将亮度和色度分离输出的设备，目前市场上常见的S端子有3种：4针、7针和9针。

HDMI（High Definition Multimedia Interface）高清晰度多媒体接口，是一种全数位化影像和声音传送接口，可以传送无压缩的音频信号及视频信号。

二、显卡的主要性能指标

显卡的性能指标主要由显存和显示芯片的性能决定，分辨率、色深、刷新频率。

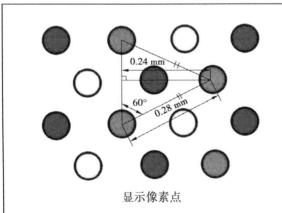

显示像素点

分辨率（Resolution）

显示画面所用的像素点的数量。一般以画面的最大"水平点数"乘上"垂直点数"为代表，如800×600像素。

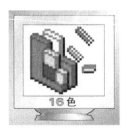 16 bit	**色深(Color Depth)** 　　显示画面的颜色数量,通常用多少 bit 色表示。如 8 b(256 色),16 b(65 536 色),24 b(16 777 216;16 M 色)。 　　如 Super VGA 标准显卡的最大分辨率为 1 600×1 200 像素,色深可达 32 bit。
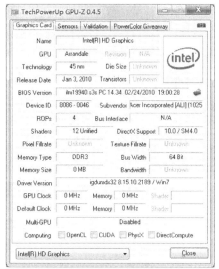 硬件测试结果	**刷新频率(Vertical Refresh Rate)** 　　刷新频率指显示器每秒能对整个画面重复更新的次数,即影像每秒钟在屏幕上出现的帧数。表示显卡每秒将送出画面讯号的数量。 　**显存容量、位宽** 　　显卡的分辨率越高,色深值越大,所需要的显存容量也越大。目前显卡的显存容量一般在 128～512 MB。

 三、集成显卡和独立显卡区别

　　显卡可以分为集成显卡和独立显卡。

集成显卡

集成显卡
　　集成显卡是指芯片组集成了显示芯片,使用这种芯片组的主板就可以不需要独立显卡实现普通的显示功能,以满足一般的家庭娱乐和商业应用。
　　集成显卡不带有显存,使用系统的一部分内存作为显存,具体的数量一般是系统根据需要自动地动态调整。集成显卡的性能比独立显卡差很多。
　　使用了集成显卡的芯片组的主板,并不是必须使用集成显卡,有些还可以支持单独的显卡插槽,比如 Intel 的 G 系列芯片组主板。

独立显卡

独立显卡

独立显卡是一片实实在在的显卡插在主板上,如插在 AGP 或 PCI-E 插槽上。独立显卡可以随时升级,更换,与主板无关;集成显卡是不能升级的,除非更换主板(当然也可以用独立显卡把它屏蔽掉)。

大型 3D 游戏用户,最好用较好的独立显卡,对不常玩大型游戏的用户而言,使用集成显卡还是独立显卡区别不明显。

四、了解 CRT 和 LCD 显示器

显示器又称监视器(Monitor)。显示器是个人计算机的必备设备,是用户和计算机交互的信息平台。常见的显示器是阴极射线(CRT)显示器和液晶显示器(LCD)。

CRT 显示器

CRT 显示器

CRT 显示器是一种使用阴极射线管的显示器,阴极射线管主要由 5 部分组成:电子枪、偏转线圈、阴罩、荧光粉层及玻璃外壳。CRT 纯平显示器具有可视角度大、无坏点、色彩还原度高、色度均匀、响应时间极短等特点。因为辐射和体积大等原因,目前市场上 CRT 已经让位于 LCD 显示器。

LCD 显示器

LCD 显示器

LCD 显示器是一种采用了液晶控制透光度技术来实现色彩的显示器,无须考虑刷新率的问题。虽然刷新率不高,但图像很稳定。LCD 显示器还通过液晶控制透光度的技术原理让底板整体发光,所以它做到了真正的完全平面。

五、显示器的性能指标

不同类型的显示器,性能指标也会有差别。

1. 分辨率

分辨率通常用一个乘积来表示。它标明了水平方向上的像素点数(水平分辨率)与垂直方向上的像素点数(垂直分辨率)。例如,分辨率为 1 280×1 024,表示这幅画面的构成在水平方向(宽度)有 1 280 个点,在垂直方向(高度)有 1 024 个点。分辨率越高,意味着屏幕上可以显示的信息就越多,画质也越细致。不过在屏幕尺寸不变的情况下,其分辨率不能超过它的最大合理限度,否则就失去了意义。显示器大小与最大分辨率参照比例如表 2-3 所示。

表 2-3　显示器大小与最大分辨率参照表

显示器大小/in	最大分辨率
14	1 024×768
15	1 280×1 024
17	1 440×900
21	1 920×1080

2. 点(栅)距

点距就是显像管上相邻像素同一颜色磷光点之间的距离。屏幕的点距越小,意味着单位显示区内显示的像素点越多,显示器的清晰度越高。一般显示器的点距是 0.28 mm,高档显示器的点距可达 0.20 mm。在相同分辨率下,点距越小,图像就越清晰。

3. 功耗

显示器的功率消耗问题已越来越受到人们的关注。美国环保局(EPA)发起了"能源之星"计划,即待机状态下,耗电低于 30 W 的计算机和外围设备,均可获得 EPA 的"能源之星"标志。因此,在购买显示器时,观察是否有 EPA 标志。

4. 安全认证标准

显示器的防辐射和环保节能标准关系到使用者的健康,目前主要有以下标准:EPA、MPR-Ⅱ、TCO 和 CCC。

5. 显示器面板

液晶面板部分与液晶显示器有相当密切的联系,因为一台液晶显示器其 80% 左右的成本都集中在面板上。所以液晶面板质量、技术的好坏直接决定液晶显示器整体性能的高低。

液晶面板目前有 MVA 型、PVA 型、IPS 型和 TN 型 4 种。

 任务实施

活动 1 选购显卡

选购显卡除了各项性能指标外,还需要注意以下几个方面。

普通用户与专业用户显卡需求对比

按需而定

按文字处理、办公应用需求:选择集成显卡。

按办公、娱乐并重需求:选择整体性能较强的显卡。

按游戏、视频设计需求:选择高档游戏显卡。

按专业的图形图像设计需求:选择专业图形显卡。

制造显卡厂商

显卡品牌

选择市场上主流品牌的显卡,在质量和质保方面才有保证,左图为各种显卡制造商的公司 Logo 图标。

七彩虹科技发展有限公司是国内著名的 DIY 配件通路商,七彩虹显卡拥有非常高的性价比。

影驰显卡拥有优秀的超频性能,是很多游戏发烧友的首选。

蓝宝石作为专业显卡领导品牌,蓝宝显卡一直拥有高性能与高质量的特点。

讯景是 nVIDIA 的合作伙伴,强大的研发实力和高品质的产品使其成为 nVIDIA 显卡产品中销量最佳的合作厂商。

华硕显卡不仅拥有过硬的品质,而且还不断地研发出各项新功能。

显示器散热器

显卡的品质

显卡的品质需要注意以下几个方面:

● 散热器品质:观察散热片的材料、有效散热面积,鳍片数量、散热片形状等。

● 电容与核心供电:核心供电主要包括电容、电感、场效应管、PWM 供电模块几部分。它们共同保证了核心供电,保证了显卡的稳定和性能。建议购买显卡时选用固态电容的,通常情况下数量较多的电容是供电品质的保证。

● 核心芯片:要求低能耗,高效率。

活动2 选购显示器

选购显示器除了各项性能指标外,还需要注意以下几个方面。

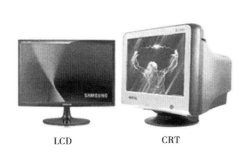

LCD   CRT

选择 CRT 还是 LCD

LCD 的优势主要体现于:①机身小巧、便携,厚度、体积不到传统 CRT 的 1/3;②完全的纯平面;③节约能源、环保;④利于健康,LCD 无辐射、无闪烁。现在 LCD 显示器的价格不高,CRT 显示器已逐步淘汰。

23 in 液晶显示器

选择合适的显示尺寸

显示器屏幕尺寸是指液晶显示器屏幕对角线的长度,以 in 为单位(1 in = 2.54 cm)。LCD 显示器的尺寸是指液晶面板的对角线尺寸,所以 17 in 的液晶显示器的可视面积接近 19 in 的 CRT 纯平显示器。宽屏液晶显示器的屏幕比例还没有统一的标准,常见的有 16∶9 和 16∶10 两种。宽屏液晶显示器相对于普通液晶显示器具有有效可视范围更大的优势。

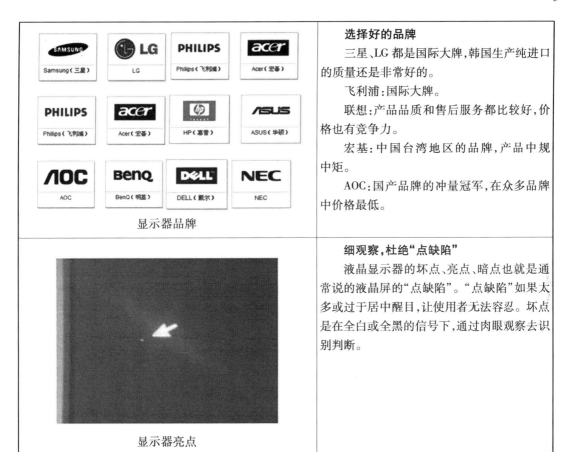

	选择好的品牌
显示器品牌	三星、LG 都是国际大牌,韩国生产纯进口的质量还是非常好的。 飞利浦:国际大牌。 联想:产品品质和售后服务都比较好,价格也有竞争力。 宏基:中国台湾地区的品牌,产品中规中矩。 AOC:国产品牌的冲量冠军,在众多品牌中价格最低。
显示器亮点	细观察,杜绝"点缺陷" 　液晶显示器的坏点、亮点、暗点也就是通常说的液晶屏的"点缺陷"。"点缺陷"如果太多或过于居中醒目,让使用者无法容忍。坏点是在全白或全黑的信号下,通过肉眼观察去识别判断。

任务六　选购声卡和音箱

【任务描述】

　　一台多媒体计算机,如果不能看电影、听歌,处理声音,那还能称其为多媒体计算机吗?声卡是多媒体计算机的标志性设备。只有当计算机内安装了声卡和还原声音的音箱,用户才能通过计算机欣赏到各种美妙的 MP3 或 MIDI 音乐。学习完本任务之后,你将:

　　◆了解声卡的作用和分类;

　　◆熟悉声卡的组成及性能指标;

　　◆熟悉声卡和音响的选购方法。

【相关知识】

 一、声卡的分类和组成

1. 声卡的分类

声卡(Sound Card)也称音频卡,是多媒体计算机的主要部件之一,它包含记录和播放声音所需的硬件。声卡发展至今,按接口类型主要分为集成式、板卡式、和外置式3种,以适应不同用户的需求。

集成声卡

集成声卡

集成声卡会影响到计算机的音质,此类产品集成在主板上,具有不占用PCI接口、成本更为低廉、兼容性更好等优势,能够满足普通用户的绝大多数音频需求,占据了大部分的声卡市场。

板卡式声卡

板卡式 PCI 声卡

板卡式产品是现今市场上的中坚力量,产品涵盖低、中、高各档次,售价从几十元至上千元不等。PCI则取代了ISA接口成为目前的主流,它拥有更好的性能及兼容性,支持即插即用,安装使用都很方便。

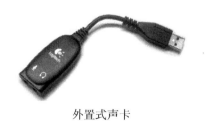

外置式声卡

外置式声卡

外置式声卡通过USB接口与PC连接,具有使用方便、便于移动等优势。但这类产品主要应用于特殊环境,如连接笔记本电脑实现更好的音质等。外置式声卡的优势与成本对于家用PC来说并不明显,仍是一个填补空缺的边缘产品。

2.声卡的组成

声卡的结构包括：主芯片、CODEC 芯片、总线连接端口及金手指、输入输出接口、MIDI 及游戏摇杆接口、CD 音频连接器以及跳线和 SB-Link 接口等，如图 2-8 所示。

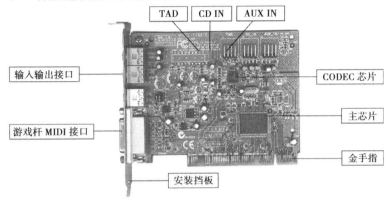

图 2-8　声卡结构图

（1）主音频处理芯片

声卡的主音频处理芯片承担着对声音信息、三维音效进行特殊过滤与处理、MIDI 合成等重要任务。目前比较著名的主音频处理芯片设计生产厂家有新加坡 CREATIVE 公司的EMUIOKI、美国 ESS 公司的 ES 1984F、日本 YAMAHA 公司的 YMF 740 等。

（2）CODEC 芯片

CODEC 的全称是"多媒体数字信号编码解码器"，一般简称为混音芯片。它主要承担对原始声音信号的采样混音处理，也就是 A/D、D/A 转换功能。

（3）声卡上的辅助元件

声卡上的辅助元件主要有晶振、电容、运算放大器、功率放大器等。

（4）外部输入输出口

声卡上的外部输入输出口均为 3.5 mm 规格的插口（MIDI/Joystick 除外），常见的包括麦克风接口（MIC IN）、线性输入口（LINE IN）、音频输出口（LINE OUT）、扬声器输出口（SPK OUT）、后置音箱输出口（REAR OUT）。

（5）内部输入输出口

声卡的内部接口多为插针模式。比较常见的有 CD 音频输入（CD IN）、数字 CD 音频输入（CD SPDIF IN）、辅助输入接口（AUX IN）、TAD 接口。

二、声卡的主要性能指标

● 采样频率：声卡在对输入的模拟音频信号转换成数字信号的过程中，需要对模拟音频信号进行采样。采样频率为每秒钟取得声音样本的次数。采样频率越高，声音的还原就越真实。

● 采样位数：采样位数是指声卡在 A/D 数字化过程中采样的精度。采样位数越大，精度就越高，还原后的音质就越好。

- 声道数:声卡所支持的声道数也是主要的技术指标。声卡声道数有以下几种类型:单声道、立体声、四声道环绕、5.1声道。
- 复音数量:复音数量是指在播放 MIDI 乐曲时在 1 s 内发出的最大声音数目。
- 动态范围:动态范围是指当声音的增益发生瞬间突变时,即当音量突然变化时,设备所能承受的最大变化范围。
- 信噪比:信噪比是衡量声卡抑制噪声能力的一个重要技术指标,它是指输出的有用信号功率与同时输出的噪声信号功率的比值,单位为分贝(dB)。

 ## 三、了解音箱的分类

音箱其实就是将音频信号进行还原并输出的工具,其工作原理是声卡将输出的声音信号传输到音箱中,通过音箱还原成人耳能听见的声波。

1. 按结构分类

根据基本结构的不同,有源音箱又分为书架式、2.1、4.1、5.1 4 种,图 2-9 所示是 2.0、2.1 和 4.1 3 种音箱。

2.0 音箱　　　　　　2.1 音箱　　　　　　4.1 音箱

图 2-9　音箱的基本结构

2.0:有 2 只主音箱,2.1:有 2 只主音箱、一只低音炮,4.1:有 2 只主音箱、两只环绕音箱、1 只低音炮,5.1:有 2 只主音箱、两只环绕音箱、1 只中置、1 只低音炮。

一般家庭唱卡拉 OK 用 2.0 就可以了,家庭影院的话用 5.1 以上才有更立体的效果。

2. 按材质分类

计算机音箱按材质分主要有塑料和木质两类,如图 2-10 所示。一般来说木质箱体比塑料箱体要好。

塑料材质音箱　　　　　　　木质音箱

图 2-10　塑料和木质音箱

塑料的优点是加工容易,外形可以做得比较好看,在大批量的生产中成本很低。

木质音箱中低价位的大多是采用中密板作为箱体材质,而高价位的才是采用真正的纯木板作为箱体材料。箱体谐振和密封性、箱体木板的厚度、木板之间结合的紧密程度都是影响音质的关键因素。

四、音箱的性能参数

音箱的作用就是将电信号转换成声音信号,并将声音信号释放出来,因而对于声音还原质量的好坏是衡量音箱品质的最重要标准,也就是保真性。还原品质高的音箱通常被称为高保真音箱。衡量音箱的优劣,还有以下几个方面的性能参数:

1. 功率

国际上规定音箱功率有两种:额定功率和峰值功率。

额定功率是指在额定频率范围内给扬声器一个规定了波形持续模拟信号,在有一定间隔并重复一定次数后,扬声器不发生任何损坏的最大电功率。

峰值功率是指扬声器短时间内所能承受的最大功率,一般是额定功率的 2~4 倍。

2. 失真度

失真度主要分为谐波失真、互调失真和瞬态失真,它直接影响音质音色的还原程度,是一项非常重要的技术指标,常以百分数的形式来表示,其数值越小则失真度就越小。

一般来说,普通多媒体音箱的失真度以小于 0.5% 为宜,低音炮的失真度小于 5% 基本上就可以了。

3. 信噪比

音箱的信噪比和声卡的信噪比一样,信噪比的大小,决定音箱的发音清晰度,一般应选信噪比不低于 80 dB 的音箱或信噪比不低于 70 dB 的低音炮。

4. 音箱喇叭

音箱内部的喇叭材料很重要,它直接影响音箱的音质。音箱的高音部分以球顶为主,分为钛膜球顶和软球顶。音箱的低音部分是决定音箱音质好坏的关键,常用纸盆、羊毛编织盆和聚丙烯膜等材料。

5. 音箱板材

音箱的板材主要有木制或塑料材质的。塑料音箱的成本较低,但可承受的额定功率也相对较小,无法克服声谐振,不宜购买。木制音箱比塑料音箱有更好的抗谐振性能,扬声器可承受的功率更大。

6. 音效及磁屏蔽技术

目前音箱在 3D 音效上广泛采用 SRS、APX、Q-SOUND 等技术,能使人感觉到明显的三维效果。磁屏蔽是指扬声器上磁铁对周围环境的干挠强度。

 任务实施

活动1 选购声卡

目前,市场上声卡的品牌、型号众多,创新(Creative)、傲锐(Aureal)和帝盟(Diamond)三家公司在声卡制造领域都有出色的表现。除了从品牌上考虑外,还应该从下列两方面考虑声卡的选购。

(1)从产品的角度选用

当前可以选择的声卡基本上可以分为3类:主板内置 AC'97 软声卡、主板内置硬声卡和 PCI 声卡。

主板内置声卡,大多数是 AC'97 软声卡,它增加较少的主板制造成本,却可以使主板增加一项有用的功能,所以厂家乐于采用。但 AC'97 软声卡的声音品质较差和 CPU 占用率较高。AC'97 软声卡适合对声音品质没有特殊要求的人。

主板内置的硬声卡,是集成声卡里的"贵族",主板厂商们一般采用 CT5880 和 CMI8738 这两款音频芯片,可提供比 AC'97 软声卡好得多的声音品质,CPU 占用率和采用相同芯片的 PCI 声卡几乎一样,且成本增加不多,高端主板产品大多采用这种声卡。

PCI 声卡主要是创新公司的产品。如果对集成声卡不满足,可以选择创新的高中低档声卡产品,低档的 V128 和 PCI128D,中档的 LIVE 系列,高档的 AUDIGY 系列覆盖了绝大部分市场。

(2)从用户的角度选用

普通用户:一般的多媒体计算机用户选购集成声卡即可(在选购主板时,要关注集成声卡的性能)。

有些用户对于声音有一定要求,如欣赏音乐、看影碟、玩游戏,这些用户适合选择板载硬声卡或者低档的 PCI 声卡。

用户对于音质的要求较高,如果资金充裕,可以购买最好的 AUDIGY 声卡和最好的音箱。

活动2 选购音箱

选购音箱要和声卡配套,如果使用了带集成声卡的主板,建议选购 300 元以下的低端音箱。如果使用的是高档声卡,只有选配高品质的音箱才能发挥优势。高端的音箱价格肯定要在 1 000 元以上,这是普通用户不能接受的,绝大多数的人选用几百元的音箱就可以满足需要。正确地挑选音箱,还要注意以下几个方面。

(1)注意观察音箱的外观品质

箱体材质:目前的音箱材质分为塑料和木质两种。

振膜材质:振膜材质是指扬声器振膜的制造材料。

扬声器单元口径:口径越大灵敏度越高,低频响应效果越好。

(2)现场视听

选择几张具有针对性的 CD 作为测试使用。高音测试建议采用小提琴曲或者二胡曲;中音测试(人声)可选择民歌的 CD,低音测试应该使用大提琴曲;动态测试选用快节奏的迪斯科舞曲音乐更为合适。

(3)用手去摸

①用手掂一下音箱的重量,一套好音箱的重量较重。

②通过手摸音箱了解音箱的做工。

③在进行听音测试时,尤其是动态测试时用手摸音箱,有一些音箱在快节奏、大音量的情况下会发生震动,导致声音模糊不清,因此如果感到箱体震动非常厉害,这种音箱也不要购买。

(4)注意选择主流品牌的音箱

声卡和音箱是两个部件一个整体,选购时一定要同时考虑,在价格上也要力求均匀,不要有所偏颇。同时注意声卡的输出接口和音箱输入接口的搭配。目前的领先音箱品牌有三诺、创新、漫步者、轻骑兵、爵士、麦蓝、惠威等,图 2-11 是三诺和漫步者音箱。

漫步者音箱   三诺音箱

图 2-11　漫步者和三诺音箱

 ## 任务七　选购机箱、电源、键盘鼠标

【任务描述】

在计算机的配置中,主板、CPU、显卡固然重要,机箱、电源和键盘鼠标也不能忽视。如果没有稳定的电源和信息输入的键盘鼠标,你操作计算机还有那么方便吗? 电源因功率不足而无法负载,导致系统很不稳定,你还能轻松愉快地操作计算机吗? 学习完本任务之后,你将:

◆熟悉机箱、电源的选购方法;
◆熟悉键盘鼠标的选购方法。

【相关知识】

一、机箱的结构和分类

计算机机箱一般包括外壳、支架、面板上的各种开关、指示灯等,图 2-12 是机箱结构图。

图 2-12　机箱内部结构图

机箱有很多种类型。现在市场上比较普遍的是 ATX、Micro ATX 以及最新的 BTX 计算机机箱等。各个类型的计算机机箱架构只能安装其支持的类型的主板,一般是不能混用的,而且计算机电源也有所差别。所以大家在选购时一定要注意。

ATX 机箱是目前最常见的机箱,支持现在绝大部分类型的主板。迷你计算机机箱是在 ATX 机箱的基础上建立的,为了进一步节省桌面空间,因而比 ATX 机箱体积要小。

与 BTX 计算机机箱架构相比,ATX 机箱最明显的区别就在于,把以往只在左侧开启的侧面板改到了右边,而其他 I/O 接口,也都相应地改到了相反的位置。在散热方面的改进与 CPU、图形卡和内存的位置相比,ATX 架构完全不同了,CPU 的位置完全被移到了机箱的前板,而不是原先的后部位置,这是为了更有效地利用散热设备,图 2-13 展示的是 ATX 和 BTX 主板,通过主板能了解机箱的区别。

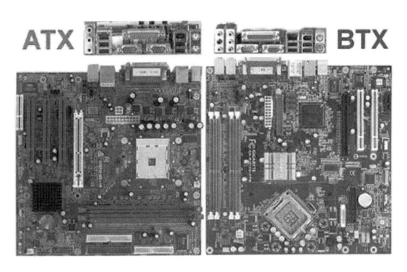

图 2-13　ATX 主板与 BTX 主板图

 二、主机电源功能

电源也被称为电源供应器,是计算机必备的器件,在整台计算机中相当于人的心脏。电源的功率大小、电流以及电压是否能保持稳定,是决定电源性能好坏的重要标准。其主要任务是将 220 V 的交流电转换为计算机使用的直流电。

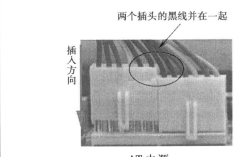 AT 电源	**AT 电源** 只能搭配早期的卧式机箱使用,功率为 200 W,通过 P8 和 P9 两个插头与主板相连,共 12 针,分别提供 5 V 和 12 V 的电压。 　　主要为早期的 486 和 586 系列计算机供电。但后来的计算机用电量加大,AT 电源无法满足需要,因此现在已基本淘汰。
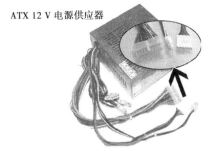 ATX 电源	**ATX 电源** 搭配在 ATX 机箱上,可提供 250 ~ 400 W 功率,支持软件关机,可以实现网络远程唤醒。

三、键盘的分类

键盘是最常用也是最主要的输入设备,通过键盘,可以将英文字母、数字、标点符号等输入到计算机中,从而向计算机发出命令、输入数据等。

 微软人体工程学键盘	**按键盘的外观分类** 可分为普通键盘和人体工程学键盘。
 无线键盘	**按有无连接线分类** 按有无连接线,可将键盘分为有线键盘和无线键盘,一般的键盘都是有线键盘,通过线缆与主机连接。无线键盘主要是采用无线电传输(RF)方式与主机通信。
 USB 接口　　　　　　　　PS/2 键盘接口	**按键盘的接口分类** 早期的键盘接口是 AT 键盘接口,是一个较大的圆形接口,俗称"大口"。后来的 ATX 规格改用 PS/2 接口作为鼠标专用接口的同时,也提供了一个键盘专用的 PS/2 接口,俗称"小口"。随着 USB 接口的广泛使用,很多厂商相继推出了 USB 接口的键盘。

四、鼠标的分类

　　鼠标是最常用的输入设备之一,可以方便地操作软件,尤其是在图形环境下(如 Windows,OS/2 等操作系统下的软件),没有鼠标是很难操作的。

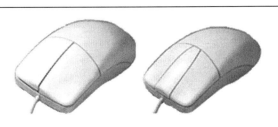 两键鼠标和三键鼠标	**按鼠标的按键数目分类** 　　按鼠标的按键数目可将鼠标分为两键鼠标和三键鼠标。
 滚轮鼠标	**按是否有滚轮分类** 　　微软设计的"智能鼠标"把三键鼠标的中键改为一个滚轮，可以上下自由滚动，并且也可以像原来的鼠标中键一样单击。滚轮最常用于快速控制 Windows 的滚动条，于是很多厂家都生产了各自的滚轮鼠标。
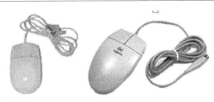 （a）各种接口鼠标  （b）USB 转 PS/2 接口	**按鼠标的接口分类** 　　鼠标与微机连接的接口一般有 3 种：串行接口、PS/2 鼠标接口（鼠标专用口）、USB 接口。各种接口的鼠标如图（a）所示。 　　随着 PS/2 接口的淘汰，目前市场上的鼠标多为 USB 接口，可以使用 USB 接口转换为 PS/2 接口的转换头，把 USB 接口的鼠标连接到 PS/2 接口上，如图（b）所示。
 人体工程学鼠标	**按鼠标的外形是否符合人体工程学分类** 　　按照人体工程学原理设计的鼠标，手掌搭放在鼠标上面能够得到很充分的支撑，有效地防止长时间使用鼠标所产生的疲劳感。

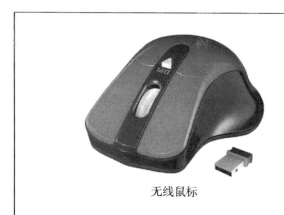

无线鼠标

按有无连接线分类

为了取消连接线,还有采用红外线、激光、蓝牙等技术的无线鼠标。这类鼠标本身的工作原理与普通鼠标一样,只不过采用无线技术与微机通信。

 任务实施

活动 1　选购机箱

机箱的选购不能从外观单方面挑选,而且还要考虑机箱的大小、颜色、功能、五金结构等诸多方面,经过多方面的考察和用户的需求来选择一款适合自己的机箱。

选购机箱应注意以下几点:

①机箱是否符合 EMI-B 标准,防电磁辐射干扰能力是否达标。

②看是否符合电磁传导干扰标准。电磁对电网的干扰会对设备和人体健康带来危害。

③看机箱是否有足够的扩展空间。

④看机箱的做工是否精细,是否在每个接触面板都采用了包边工艺,与主板相连的底版是否有防变形的冲压工艺。

⑤看机箱是否具备良好的散热性。

活动 2　选购电源

电源的选购就是注意电源要符合它的性能指标,符合国家安全认证,最好选择主流品牌电源。

● 功率:功率越大越好,但要注意峰值功率之分。

● 电源输出线要粗点,如果太细,长时间使用,会因为过热而烧毁。

● 重量:一般来说,好的电源外壳一般都使用优质钢材,所以较重的电源材质都较好。

● 变压器:电源中最重要的部件就是变压器,一般 250 W 线圈不小于 28 mm,300 W 线圈不小于 33 mm。

● 风扇和散热孔:看抽出的风量大小和噪声的大小以及散热孔的多少,原则上散热孔较多,有利于电源的散热。

● 品牌:比较知名的有大水牛、爱国者、世纪之星、金和田等。

●认证:在国内至少要通过 CCC、FCC、CE 认证。

活动3　选购键盘

选购键盘时主要从以下几个方面考虑:

●外观设计:良好的键盘外观,不仅代表了做工的精细,同时也能给人以视觉上的享受。

●工作噪声:键盘使用时产生的噪音越来越被人所重视,键盘噪声越小越好。

●键程差异率:由于键帽都有一定弧度的下凹,每个按键按下的距离会有差别,按键键程之间的差异越小越好。

●按键舒适度:虽然打字的舒适与个人所喜好的键程的长短有很大的关系,但是不同材质、不同弹性的弹簧带来的是不同的打字感受,用户应该选用适合自己打字习惯的键盘。

●使用舒适度:使用的舒适度涉及用户的手、腕、肘等主要关节的舒适程度,这与是否科学地进行了人体工程学设计有很大的关系。

●扩展功能:键盘的扩展功能主要集中在热键、其他防护等方面,合理的热键、防水等各种扩展功能可为用户带来方便。

活动4　选购鼠标

现在,光学鼠标是主流产品,市场上的光学鼠标产品数不胜数,价格由几十元到三四百元不等,可以大致分为:

●200 元以上的高端产品。这个价位以上的光学鼠标往往都是一些老牌厂商的顶尖产品,比如罗技的极光云貂、微软的 IntelliMouse Explorer 3.0 之类,这类产品的手感、按键乃至3D 滚轮都非常好,都采用了 USB 接口,并附带了 USB 转 PS2 的转换头,保质期也长达 5～5年。对于注重性能的用户特别是游戏玩家,这类产品是不二之选。

●100～200 元的中档产品。绝大部分品牌的光学鼠标都在这个价位,产品良莠不齐,如Genius、双飞燕、BenQ 等知名厂商的产品,而更多的是价格较低的小品牌产品。这个价位上有很多不到微软、罗技产品价格一半而性能相近的产品;但是,这个价位上性价比差的产品也很多,购买的时候要特别留心,仔细挑选。

●100 元以下的低档产品。这个价位上的产品多数是采用低端光学引擎的光学鼠标,所以价格很便宜,性能一般。这类产品通常保质期只有几个月甚至没有质保。

【项目小结】

本项目主要学习了计算机硬件的基本知识。详细介绍了主板、CPU、内存、显卡、声卡、显示器等硬件设备的构成和主要性能指标。通过本项目的学习,学生可以认识计算机硬件的型号及主流产品,能选购适合用户的计算机设备。

【思考与练习】

1. 单项选择题

(1) 下列存储器中,属于高速缓存的是(   )。

    A. EPROM   B. Cache   C. DRAM   D. CD-ROM

(2) 目前计算机主板广泛采用 PCI 总线,支持这种总线结构的是(   )。

    A. CPU   B. 主板上的芯片组   C. 显卡   D. 系统软件

(3) 执行应用程序时,和 CPU 直接交换信息的部件是(   )。

    A. 软盘   B. 硬盘   C. 内存   D. 光盘

(4) ATX 主板电源接口插座为双排(   )。

    A. 20 针   B. 12 针   C. 18 针   D. 25 针

(5) 负责计算机内部之间的各种算术运算和逻辑运算功能的部件是(   )。

    A. 内存   B. CPU   C. 主板   D. 显卡

(6) 机箱面板上的硬盘指示灯引线连接到主板中标有(   )字样的插针上。

    A. HDD LED   B. Power LED   C. Reset   D. Power Switch

(7) 目前硬盘接口分为 IDE 接口、(   )接口和 SCSI 接口。

    A. AGP   B. PCI   C. SATA   D. ATA

(8) 标称容量为 20 GB 的硬盘,其实际容量(   )20 480 MB。

    A. 小于   B. 大于   C. 等于   D. 不确定

(9) 在显示器中,组成图像的最小单位是(   )。

    A. 栅距   B. 分辨率   C. 点距   D. 像素

(10) 计算机标准输出设备指(   )。

    A. 鼠标   B. 卡片阅读机   C. 键盘   D. 显示器

2. 判断题(对的打"√",错误的打"×")

(1) 主板上的 AGP 总线插槽的颜色是白色的。   (   )

(2) DDR SDRAM 和 SDRAM 在外观上没有区别。   (   )

(3) 一根 IDE 数据线可以连接两个 IDE 硬盘或光驱。   (   )

(4) USB 鼠标键盘具有热拔功能。   (   )

(5) 一根 SATA 数据线可以连接两个 SATA 硬盘。   (   )

3. 简答题

(1) 主板由哪些部分组成?

(2) 南桥和北桥的作用分别是什么?

(3) 通常主板上的扩展槽有哪些类型?

(4) 目前哪些厂商能够生产 CPU?

(5) 按照插槽类型内存分为哪几类?

(6) 硬盘的主要性能指标有哪些?

(7) 按照插槽类型内存分为哪几类?

(8) 显卡由哪几部分组成?其主要性能指标有哪些?

(9) 声卡是如何工作的?其主要性能指标有哪些?

计算机的硬件安装

通过以上项目的学习，我们对计算机硬件有了一定的了解，并能独立地列出适合自己的配置清单，接下来就要进入计算机硬件的组装阶段。本项目较为全面地介绍了硬件组装的各个环节，为下一项目软件系统的安装做准备。

完成本项目的学习后，你将：

◆了解微型计算机主机箱的内部结构；

◆了解组装流程；

◆能熟练拆卸、安装一台计算机。

任务一 计算机组装的前期准备

【任务描述】

计算机部件形态各异,安装方法各不相同。在组装过程中会用到一些特定的工具来配合部件安装,包括螺丝刀、尖嘴钳、万用表、清洁剂、吹气球和小毛刷等。完成本任务之后,你将:

◆ 了解组装计算机的常用工具;
◆ 了解计算机安装环境。

【相关知识】

一、计算机组装的常用工具

参观学校组装实训室或上网查看,常用的计算机装配工具有哪些?

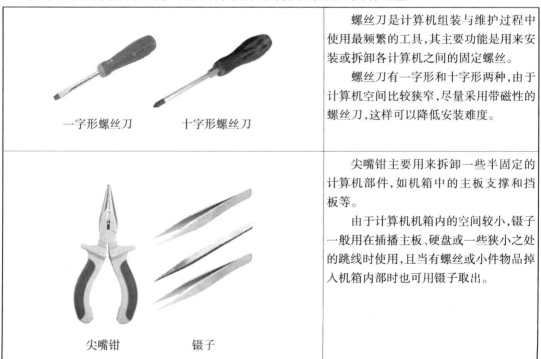

一字形螺丝刀　十字形螺丝刀	螺丝刀是计算机组装与维护过程中使用最频繁的工具,其主要功能是用来安装或拆卸各计算机之间的固定螺丝。 螺丝刀有一字形和十字形两种,由于计算机空间比较狭窄,尽量采用带磁性的螺丝刀,这样可以降低安装难度。
尖嘴钳　　　　镊子	尖嘴钳主要用来拆卸一些半固定的计算机部件,如机箱中的主板支撑和挡板等。 由于计算机机箱内的空间较小,镊子一般用在插播主板、硬盘或一些狭小之处的跳线时使用,且当有螺丝或小件物品掉入机箱内部时也可用镊子取出。

万用表

万用表可测量直流电流、直流电压、交流电压、电阻和音频电平等,有的还可以测交流电流、电容量、电感量及半导体的一些参数,主要用于检查计算机部件的电压是否正常和数据线的通断等电器线路问题。

万用表可分为指针式和数字式两种。指针式万用表精度高,但比较专业,普通用户使用比较复杂,数字万用表比较直观,适合普通用户。

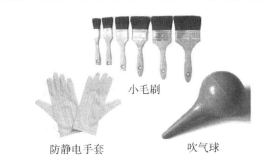

小毛刷

防静电手套　　　　吹气球

小毛刷的主要作用是清洁硬件表面的灰尘。

吹气球的作用是清洁机箱内部各硬件之间的较小空间或各部件不易清除的灰尘。

防静电手套主要是防止对硬件的损伤。

 二、检查计算机安装环境

首先检查需要安装的部件是否齐全。按照安装的顺序合理地摆放各个部件、配件,便于安装过程中的传递合作。工作台面的布局也十分关键,计算机部件较多,很多组装工作都是围绕机箱进行,平稳、结实的台面有利于安装工作的顺利进行。

计算机硬组装件工作台

在组装计算机之前和操作过程中注意人体的防静电处理。例如:工作台上最好铺有防静电的桌布,组装者最好佩戴防静电的手套,并有良好的接地线。

了解计算机的硬件组装流程

准备好所需的计算机部件→安装 CPU 到主板→将主板安装到机箱→然后安装电源→安装硬盘、光驱→安装各种板卡→安装各种跳线→安装各种电源线→检查是否有掉落的螺丝钉，以及各个"跳线"接法是否正确→检查无误后，盖上机箱→连接各种外部设备的线缆→加电。

计算机硬件组装

 任务实施

活动　参观计算机组装维护实训室

参观学校计算机组装维护的实训室，了解计算机组装所需要的工具及环境。

任务二　拆卸计算机硬件

 【任务描述】

计算机的拆卸实际上是计算机组装的逆过程。学会拆卸，就可以在很大程度上领悟到组装计算机的方法和技巧。本任务的目标就是通过熟练拆卸计算机，进一步了解计算机的硬件，为组装计算机打下基础。学习完本任务之后，你将：

◆熟练使用拆卸的操作工具；
◆了解计算机主机硬件；
◆会规范安全地拆卸计算机。

【相关知识】

一、拆卸的准备工作

在进行计算机的组装和拆卸前,需要准备的主要工作如下:

1. 准备拆卸工具

拆卸和组装计算机需要一些工具来完成安装和检测,其中十字螺丝刀、尖嘴钳和镊子是必备的工具。对于这些工具的使用和要求请参照任务一的介绍。

2. 准备拆卸平台

拆卸计算机需要一个洁净的环境,最好是一个干净、整洁的平台,并且要有良好的供电系统,并远离电场和磁场。还要准备好计算机的安装零件盒、一些连接线等。

3. 了解拆卸注意事项

在开始拆卸计算机前,检查安装环境,注意人身和物件的安全,除了职场安全,还要注意以下几点:

①通过洗手和触摸接地金属物体的方式释放身上所带的静电,防止静电对计算机硬件产生损坏。另外,有些人认为在拆机前只需释放一次静电即可,其实这种观点是错误的。因为在拆卸计算机的过程中,由于手和各种部件不断地摩擦还会产生静电,因此应多次释放静电。

②在拧各种螺丝时,不能拧得太紧。

③各种拆卸和组装的硬件都要轻拿轻放,特别是硬盘。

④插拔卡时一定要对准插槽均衡向下有力,并且插紧;拔卡时不能左右摇晃,要均匀用力垂直插拔,更不能盲目用力,以免损坏板卡。

⑤安装主板、显卡、声卡、网卡等部件时应安装平稳,并将其固定牢靠;对于主板要安装绝缘垫片。

二、理清计算机的拆卸流程

拆卸计算机之前,还应该理清流程,做到胸有成竹,一鼓作气地完成整个操作。不过拆卸流程并不是固定的,这里介绍的通常方法如图3-1所示。

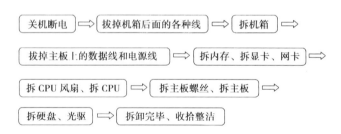

图 3-1　拆卸计算机过程

 任务实施

活动　拆卸完整的一台计算机

请同学们自己拆卸一台完整的计算机。在拆卸时,要注意人和硬件的安全。拆卸计算机时要用手扶着元器件,按照顺序拆卸,把所拆卸螺丝按顺序放好。

下面简单介绍计算机的拆卸过程。

（a）拆鼠标、键盘

（b）拆显示器视频线

（c）拆网线

拆卸主机所有外部连线

首先要切断所有与计算机及其外设相连接的电源,然后拔下机箱后侧的所有外部连线。拔除这些连线时要注意正确的方法。

电源线、AT 或 PS/2 键盘数据线、PS/2 鼠标数据线、USB 数据线、音箱等连线就可以直接往外拉(如图(a)所示)。

串口数据线、显示器数据线、打印机数据线连接到主机一头,这些数据线在插头两端可能会有固定螺丝,所以需要用手或螺丝刀松开插头两边的螺丝(如图(b)所示)。

网卡上连接的双绞线、Modem 上连接的电话线,这些数据线的接头处均有防呆设计,先按住防呆片,然后将连线直接往外拉(如图(c)所示)。如果网卡上是连接的同轴电缆,那么需要松开同轴电缆接头的卡口,然后将连线直接往外拉。

（a）拆硬盘电源线

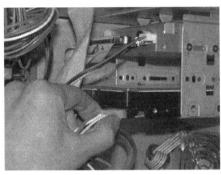

（b）拆硬盘

（a）拆机箱电源插头

打开机箱外盖

无论是品牌机还是兼容机，卧式机箱还是立式机箱，固定机箱外盖的螺丝大多在机箱后侧或左右两侧的边缘上。用合适的螺丝刀拧开这些螺丝。

有些品牌的计算机不用工具即可打开机箱外盖，具体的拆卸方法请参照安装说明书。

拆卸驱动器

驱动器（如硬盘、光驱）上都连接有数据线、电源线及其他连线。先用手握紧驱动器一头的数据线，然后平稳地沿水平方向向外拔出。千万不要拉着数据线向下拔，以免损坏数据线。硬盘、光驱电源插头是大四针梯形插头，光驱电源插头为小四针插头，用手捏紧电源插头，并沿着水平方向向外拔出即可（如图(a)所示）。

也有些机箱中的驱动器是不用螺丝固定的，而是将驱动器固定在弹簧片中，然后插入机箱的某个部位，这种情况下只要按下弹簧片，就可以抽出驱动器。取下各个驱动器的时候要小心轻放，尤其是硬盘，而且最好不要用手接触硬盘电路板的部位，如图(b)所示。

拆卸板卡

拔下板卡上连接的各种插头，主要的插头有 IDE 数据线、光驱数据线、CPU 风扇电源插头、音频线插头、主板与机箱面板插头、ATX 电源插头（或 AT 电源插头）等（如图(a)所示）。

所有插头都拔除后，接着用螺丝刀拧开主板总线插槽上接插的适配卡（如显卡、声卡、网卡等）面板顶端的螺丝，然后用双手捏紧适配卡的边缘，平直地向上拔

（b）拆 PCI 适配器

（c）拆 AGP 显卡

出这些适配卡（如图（b）所示）。最后再用螺丝刀拧开主板与机箱固定的螺丝，就可以取出主板。拆卸主板和其他接插卡时，应尽量拿住板卡的边缘，尽量不要用手直接接触板卡的电路板部分。

　小提示：如果主板上的 AGP 插槽带有防呆设计（一般是 AGP2X 或 AGP4X 插槽），要取下 AGP 显卡的话，先要按下 AGP 插槽末端的防呆片（如图（c）所示），然后才能拔出 AGP 显卡。切不可鲁莽地拔出 AGP 显卡，否则有可能会损坏 AGP 显卡与 AGP 插槽。

拆卸内存条
　用双手同时向外按压内存插槽两端的塑胶夹脚，直至内存条从内存插槽中稍微弹出，然后从内存插槽中取出内存条。

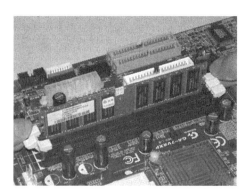

拆内存

（a）拆 CPU 风扇

（b）拆 CPU

拆卸 CPU 与 CPU 散热器

最常见到的 CPU 风扇有两种：一种是固定夹的两端不一样（一端为固定的弹片夹，另一端为可活动的弹片夹）；另一种固定夹的两端都是固定的弹片夹。前者拆卸比较简单，将可活动的弹片按下，并让弹片脱离 Socket 的卡槽即可。后者因为风扇的固定夹的两端都是固定的弹片夹，所以拆卸比较困难。可借助工具（如螺丝刀或镊子）将离散热片较远的弹片夹脱离 Socket 的卡槽（如图（a）所示），才可取出 CPU 散热器。完成时注意用力均匀，特别是 Socket 周围的元器件。

CPU 散热器取出后，需将固定 CPU 这根拉杆稍微向外扳动，然后拉起拉杆并呈 90°就可以取出 CPU（如图（b）所示）。

任务三 组装计算机

【任务描述】

本任务的目标就是了解计算机安装前的一些准备工作，理清计算机组装步骤，学习组装计算机机箱内部各种硬件的相关操作。学习完本任务之后，你将：

◆了解计算机安装前的准备工作；

◆了解计算机组装的一般步骤；

◆会规范安全地组装计算机。

【相关知识】

 一、安装的注意事项

1.组装准备工作

组装一台计算机的配件一般包括主板、CPU、CPU 风扇、内存、显卡、声卡（主板中都有板载声卡，除非用户特殊需要）、光驱（VCD 或 DVD）、机箱、机箱电源、键盘鼠标、显示器、数据线和电源线等。

除了计算机配件以外，还需要准备螺丝刀、尖嘴钳、镊子等装机工具。

2.安装注意事项

在进行计算机组装前需要注意以下几项：

①在组装计算机前，为了避免人体所携带的静电会对精密的电子元件或集成电路造成损伤，要先清除身上的静电。例如，用手摸一摸铁制的水龙头，或者用湿毛巾擦手。

②在组装过程中，要对计算机各个配件轻拿轻放，在不知道怎样安装的情况下要仔细查看说明书，严禁粗暴装卸配件。

③对于安装需螺丝固定的配件时，在拧紧螺丝前一定要检查安装是否对位，否则容易造成板卡变形、接触不良等情况。

④在安装带有针脚的配件时，应注意安装是否到位，避免安装过程中针脚断裂或变形。

⑤在对各个配件进行连接时，应注意插头、插座的方向，如缺口、倒角等。插接的插头一定要完全插入插座，以保证接触可靠。另外，在拔插时不要抓住连接线拔插头，以免损伤连接线。

 二、理清计算机的组装流程

组装计算机之前，还应该理清流程，做到胸有成竹，一鼓作气将整个操作完成。不过组装流程并不是固定的，我们这里讲的是常用方法，如图 3-2 所示。

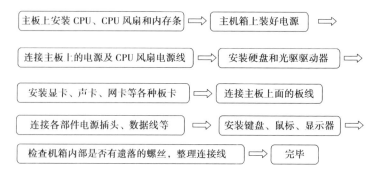

图 3-2　组装计算机步骤

任务实施

活动1　安装CPU

Socket 插座是方形、多针孔的插座,插座上有一根拉杆,在安装和更换 CPU 时只要将拉杆向上拉出,就可以轻易地插进或取出 CPU 芯片。下面以安装 Socket A 架构的 CPU 为例,介绍 CPU 的安装方法。其他架构的 CPU 安装方法几乎相同。安装操作步骤如下:

  安装 CPU	第1步:将 CPU 插槽的拉杆轻轻地翘起来,把 CPU 的斜角对准插槽相应的位置,插入插槽。然后把 CPU 插槽的拉杆放平,固定好。
 固定风扇	第2步:在 CPU 的核心上涂散热硅胶,不需要太多,涂上一层即可(如果散热片上带有散热硅胶,则不用另外涂)。 第3步:把散热器与 CPU 的核心接触在一起,先把一边的扣子扣在 CPU 插槽突出的位置上,再扣上另一边。
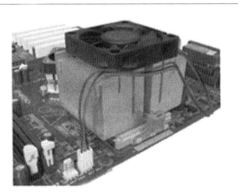 接通 CPU 电源风扇	第4步:把 CPU 风扇的电源插头插在主板的风扇插座上,CPU 和风扇安装完成。

83

活动2 安装主板

利用实训室的计算机和工具,安装主板,在安装主板之前,先了解主板的结构。

下面简要介绍主板的安装操作步骤如下:

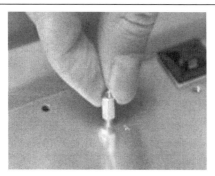 安装铜柱	第1步:在机箱内部螺丝孔处,安装铜柱。 注意:机箱孔与主板上螺丝孔要一一对应安装。
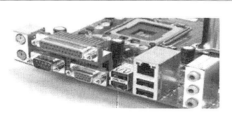 (a)外部接口与机箱对应接口孔  (b)主板装入机箱外观图	第2步:按照正确的方向,将主板放入机箱,并用细纹螺丝安装主板。 所谓正确的方向是指主板各种外部接口与机箱的对应接口孔(如图(a)所示)要保持一致的方向,主板装入机箱,如图(b)所示。
 机箱连接线插头及安装示意图	第3步:根据主板说明书或者主板上的机箱连接线安装示意图,进行各种跳线安装。 机箱跳线安装时,要注意正负极。彩色的线是正极,而黑色/白色的线是负极(接地,有时候用 GND 表示)。 通过这3步主板就安装完成。

活动3　安装机箱电源

在工作或生活中,计算机电源有时会出现故障,这就要对计算机电源进行拆卸和安装,掌握计算机电源的安装与拆卸是非常重要的,下面介绍如何安装机箱电源。

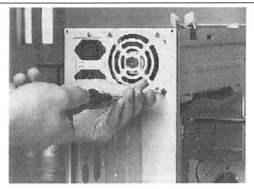

电源安装

第1步:将电源按照正确的方向放入机箱内部。

正确的方向是指:电源螺丝接口与机箱一一对应,同时电源铭牌始终在上面。

第2步:用细纹螺丝将机箱与电源固定。

活动4　安装内存

在安装内存条之前,首先要消除身体上的静电。其中一个简单的方法就是直接用手接触主机机箱,或者接触金属物体(如暖气管)等,或者手戴绝缘手套再进行安装内存,安装步骤如下:

用手扳开内存扣手

第1步:打开主机机箱,找到内存插槽,一般位于 CPU 旁边,用手将内存插槽两端的扣手轻轻扳开。

检查内存条

第2步:打开内存条的外包装,检查内存条是否有损坏,然后找准内存上的凹陷位置,并与主机机箱上的凸出位置进行比对,以确定安装的方位。

 安装内存条	第 3 步:将内存条插入内存插槽中,用力一定要适度,直到插槽两端的扣手自动弹起为止。

活动5　安装和连接 IDE 硬盘

硬盘的硬件安装工作跟计算机中其他配件的安装方法一样,用户只需有一点硬件安装经验,一般都可以顺利地安装硬盘。单硬盘安装是很简单的。

(1)准备工作。安装硬盘,工具是必需的,所以螺丝刀一定要准备一把。另外,最好事先将身上的静电放掉,只需用手接触一下金属体即可(例如水管、机箱等)。

(2)跳线设置。硬盘在出厂时,一般都将其默认设置为主盘,跳线连接在"Master"的位置,如果你的计算机上已经有了一个作为主盘的硬盘,现在要连接一个硬盘作为从盘。那么,就需要将跳线连接到"Slave"的位置。上面介绍的这种主从设置是最常见的一种,有时也会有特殊情况。如果用户有两块硬盘,最好参照硬盘面板或参考手册上的图例说明设置跳线。

(3)硬盘固定。连好线后,就可以用螺丝将硬盘固定在机箱上,注意有接线端口的那一个侧面向里,另一头朝向机箱面板。一般硬盘面板朝上,而有电路板的那面朝下。

硬盘连接面板背面见图 3-3。

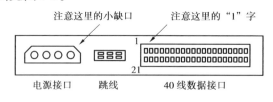

图 3-3　硬盘连接背面图

(4)正确连线。硬盘连线包括电源线与数据线两条,连接先后无影响。对于电源的连接,注意图 3-3 中电源接口上的小缺口,在电源接头上也有类似的缺口,这样的设计是为了防止电源插头插反。

活动6　安装显卡/声卡

显卡和声卡的安装类似,这里主要介绍显卡的安装。在安装 AGP 显卡之前,一定要确认 AGP 插槽是否能兼容你所使用的 AGP 显卡。硬件安装很简单,先去掉主板上对应插槽位置的挡板,将显卡垂直插入插槽里,然后拧紧螺钉。

 去除插槽处的铁皮挡板	第1步:打开机箱,找到主板中间位置的一条棕色的 AGP 插槽,去除机箱后面板该插槽处的铁皮挡板。
 安装 AGP 显卡	第2步:取出静电袋中的 AGP 显卡,为防止静电损害,最好不要碰触显卡的电路部分。接着,将 AGP 显卡的接口插脚垂直对准主板的 AGP 插槽,AGP 显卡的挡板要对准空出的铁皮挡板位,两手均匀用力往下推,使 AGP 显卡的接口插脚完全插入 AGP 插槽中。
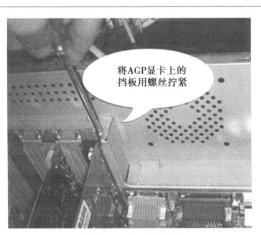 拧紧 AGP 显卡螺丝	第3步:用螺丝将 AGP 显卡上的挡板与机箱后面板拧紧,确保接触良好。

87

活动7 组装完整的一台计算机

根据前面所学的知识,独立地组装一台计算机,在组装过程中,要注意职场安全。

安装 CPU

安装 CPU

在安装 CPU 之前,要先打开插座,将压杆拉起,仔细观察主板上的 CPU 插座,会发现一个三角形的标识。在安装时,处理器上印有三角标识的那个角要与主板上印有三角标识的那个角对齐,然后慢慢地将处理器轻压到位。将 CPU 安放到位以后,盖好扣盖,并反方向微用力扣下处理器的压杆。至此 CPU 安装完成。

安装散热器

安装散热器

安装散热器前,先要在 CPU 表面均匀地涂上一层导热硅脂。安装时,将散热器的四角对准主板相应的位置,然后用力压下四角扣具即可。有些散热器采用了螺丝设计,因此在安装时还要在主板背面相应的位置安放螺母,由于安装方法比较简单,这里不再过多介绍。

安装内存条

安装内存条

安装内存时,先用手将内存插槽两端的扣具打开,然后将内存平行放入内存插槽中(内存插槽也使用了防呆式设计,反方向无法插入,在安装时可以对应内存与插槽上的缺口),用两拇指按住内存两端轻微向下压,听到"啪"的一声后,即说明内存安装到位。

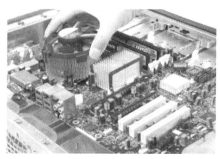

平行托住主板放入机箱

将主板安装固定到机箱中

在安装主板之前,先装机箱提供的主板垫脚螺母安放到机箱主板托架的对应位置。

双手平行托住主板,将主板放入机箱中,如左图所示。

确定机箱安放到位,可以通过机箱背部的主板挡板来确定。

拧紧螺丝,固定好主板。在装螺丝时,注意每颗螺丝不要一次性地拧紧,等全部螺丝安装到位后,再将每颗螺丝拧紧。

 安装硬盘	**安装硬盘** 　　在安装好 CPU、内存之后,需要将硬盘固定在机箱的 3.5 in 硬盘托架上。对于普通的机箱,我们只需要将硬盘放入机箱的硬盘托架上,拧紧螺丝使其固定即可。
 安装电源	**安装光驱、电源** 　　安装光驱的方法与安装硬盘的方法大致相同。对于普通的机箱,只需要将机箱 4.25 in 的托架前的面板拆除,并将光驱放入对应的位置,拧紧螺丝即可。 　　机箱电源的安装,方法比较简单,放入到位后,拧紧螺丝即可。
 安装显卡	**安装显卡/声卡** 　　用手轻握显卡两端,垂直对准主板上的显卡插槽,向下轻压到位后,再用螺丝固定即完成了显卡的安装过程。对于网卡、声卡的安装方法是一样的。
 连接光驱线缆	**连接好各种线缆** 　　安装硬盘电源与数据线接口,这是一块 SATA 硬盘,右边红色的为数据线,黑黄红交叉的是电源线,安装时将其按入即可。接口全部采用防呆式设计,反方向无法插入。安装好后仔细确认机箱里没有散落的螺丝钉、各种线是否插好。

89

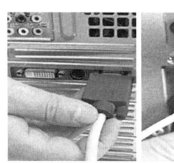 连接显示器、鼠标键盘	**连接外部设备** 　安装好主机,扣好机箱盖,连接好显示器、鼠标、键盘、电源的连接线。

 【项目小结】

　　本项目首先介绍了计算机拆装前的准备,其次介绍了计算机的拆卸和计算机组装的详细步骤和方法。要求学生能在保证安全的情况下,熟练拆装计算机硬件。

 【思考与练习】

1. 填空题

　　(1)_____是计算机组装与维护过程中使用最频繁的工具,其主要功能是用来安装或拆卸各计算机之间的固定螺丝。

　　(2)_____可测量直流电流、直流电压、交流电压、电阻和音频电平等。

　　(3)在安装 CPU 时,安装好 CPU 后需要在 CPU 的核心上涂散_____,再安装 CPU 风扇。

　　(4)在安装主板时,要注意主板的正确方向。所谓正确的方向是指主板各种外部接口与机箱的_____要保持一致的方向。

　　(5)在安装显卡时,将显卡的接口插脚垂直对准主板的_____插槽。

2. 判断题(对的打"√",错误的打"×")

　　(1)组装计算机时使用螺丝钉刀头有无磁性不重要。　　　　　　　　(　　)

　　(2)手在自身的衣袖上擦两下,则可以释放身上的静电。　　　　　　(　　)

　　(3)将 CPU 放入插座中是不需用力的。　　　　　　　　　　　　　(　　)

　　(4)在取下内存条时,可以带电拔插。　　　　　　　　　　　　　　(　　)

　　(5)在安装主板时,由于底座的螺丝掉了几颗,可以找几个高矮不一但大小一致的螺丝来代替。　　　　　　　　　　　　　　　　　　　　　　　　　　(　　)

（6）安装好各种扩展卡后，都必须要上螺丝。 （　　）

（7）机箱的连接线没有正负。 （　　）

3. 简答题

（1）简述拆卸一台计算机硬件的流程和注意事项。

（2）简述组装一台计算机硬件的流程和注意事项。

计算机软件系统的安装

作为一个计算机的维护人员，不仅要会组装计算机硬件，还必须会熟练地安装软件。软件安装包括操作系统安装、硬件驱动程序安装和常用软件的安装。

完成本项目的学习后，你将：

◆掌握 BIOS 的基本设置；

◆了解 FAT、FAT32、NTFS 等各种分区格式，能够对硬盘进行分区和格式化；

◆会使用 VMware 虚拟软件安装操作系统；

◆能安装网卡、显卡、声卡等各种驱动程序。

任务一　设置 BIOS

【任务描述】

BIOS 设置是计算机系统最底层的设置,其参数设置的正确与否直接影响到计算机的操作性能,设置不当,其至不能开机。当计算机组装好后第一次开机时,需要通过 BIOS 设置程序对 CMOS 参数进行设置,以确定计算机的硬件配置及操作参数等信息。完成本任务之后,你将:

◆了解 BIOS 的作用;

◆熟练掌握标准 BIOS 的基本设置;

◆了解高级 BIOS 的设置;

◆会加载 BIOS 默认参数以及设置用户密码和管理密码。

【相关知识】

一、了解 BIOS 的作用

1. 认识 BIOS 芯片

图 4-1　BIOS 芯片

BIOS(Basic Input/Output System)也称基本输入/输出系统,它是一组被固化到主板芯片中,为计算机提供最低级、最直接的硬件控制的程序,它是连通软件程序和硬件设备之间的枢纽。通俗地说,BIOS 是硬件与软件程序之间的一个接口,负责解决硬件的即时要求,并按软件对硬件的操作要求具体执行。图 4-1 为 BIOS,是集成在主板上的一个 Flash ROM 芯片。目前市面上较流行的主板 BIOS 主要有三种类型:Award BIOS、AMI BIOS 和 Phoenix BIOS,其中,Award 和 Phoenix 已经合并,二者的技术也互有融合。

2. BIOS 的功能

从功能上看,BIOS 分为以下 4 个部分:

● 自诊断程序:通过读取 CMOS RAM 中的内容识别硬件配置,并对其进行自检和初始化。

● CMOS 设置程序:在引导过程中,用特殊热键启动,进行设置后,存入 CMOS RAM 中。

● 系统自举装载程序:在自检成功后,将磁盘相对 0 道 0 扇区上的引导程序装入内存,让其运行以装入 DOS 系统。

● 主要 I/O 设备的驱动程序和中断服务程序。

 二、BIOS 与 CMOS 区别

BIOS 是主板上的一块 EPROM 或 EEPROM 芯片,里面装有系统的重要信息和设置系统参数的设置程序(BIOS Setup 程序)。CMOS 是主板上的一块可读写的 RAM 芯片,其中装有关于系统配置的具体参数,其内容可通过 BIOS 中的设置程序进行读写。

由于 BIOS 和 CMOS 都跟系统设置密切相关,所以在实际使用过程中造成了 BIOS 设置和 CMOS 设置的说法,实际上是同一回事,但 BIOS 与 CMOS 却是两个完全不同的概念,千万不能混淆。BIOS、CMOS 和主板电池间的关系如图 4-2 所示。

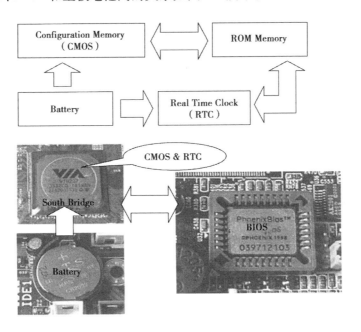

图 4-2　BIOS、CMOS 和电池关系

三、BIOS 的基本操作

BIOS 的设置程序目前有各种不同的版本,由于每种设置都是针对某一类或几类的硬件系统,因此会有一些不同,但对于主要的设置选项来说基本相同,如图 4-3 所示为 BIOS 的界面。

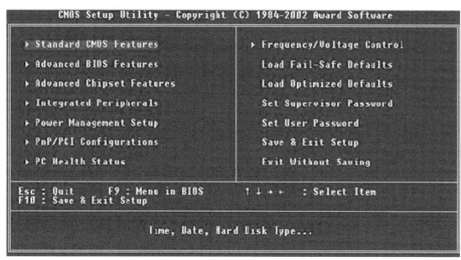

图 4-3　BIOS 设置基本界面

目前 BIOS 芯片的种类繁多,进入 BIOS 进行设置的方法也各不相同,但总的来说,进入 BIOS 进行设置都是按键盘上的某个键。不同类型的 BIOS 进入 BIOS 设置程序的按键也不同,Award BIOS 按"Del"键进入,AMI BIOS 按"Del"键或"Esc"键进入,Phoenix BIOS 按"F2"键进入。当计算机自检出错时,会停止在自检画面,这时可以根据提示按相应键进入。

在 BIOS 设置界面中可以进行的操作如表 4.1 所示。

表 4.1　BIOS 设置界面操作

按　键	功　能
[←][→]	在各个菜单中进行切换
[↑][↓]	在菜单的各项目中移动
[＋][Space]	更改项目的设置值(递增)
[－]	更改项目的设置值(递增)
[PageUp][PageDown]	跳到菜单中的上一页/下一页
[F1]或[Alt＋H]	显示 BIOS 设置界面可以使用的按键与功能
[F5]	加载 BIOS 出厂时的默认值
[F10]	存储修改后的 BIOS,并离开 BIOS 设置界面
[Enter]	显示项目的所有设置值、进入有? 符号的子项目及执行确认
[Esc][Alt＋X]	回到前一个画面或主画面,不想存储 BIOS 设置时同样按此键

主界面中的中英文对比如表4.2所示。

表4.2 BIOS主界面中英文对比表

英　文	中　文
Standard CMOS Features	标准 CMOS 特征
Advanced BIOS Features	高级 BIOS 特征
Advanced Chipset Features	高级芯片组特征
Integrated Peripherals	整合周边
Power Management Setup	电源管理设定
PNP/PCI Configurations	PNP/PCI 配置
PC Health Status	PC 当前状态
Frequency/Voltage Control	频率/电压控制
Load Fail-Safe Defaults	载入故障安全缺省值
Load Optimized Defaults	载入高性能缺省值
Set Supervisor Password	设置管理员密码
Set User Password	设置用户密码
Save & Exit Setup	保存后退出
Exit Without Saving	不保存退出

任务实施

活动1 设置标准 BIOS

标准 BIOS 参数设置包括时间、日期、外部设备的参数等,通过设置标准 BIOS,了解其主要参数作用。

启动计算机后,按住"Delete"键不放,直到进入 BIOS 设置界面。通过方向键选择"Standard CMOS Featrues"选项,按"Enter"键进入标准的 BIOS 特性设置界面,如图 4-4 所示。

按上、下箭头键可移动光标进行选项,按"Page Up"或"Page Down"键可改变设置参数。

- Date:设置系统日期。
- Time:设置系统时间。
- Primary Master:设置 IDE1 主硬盘的参数。一般选 Auto,开机时会自动检查接在接口上的硬盘及型号,若选 User,则需运行主菜单中的硬盘参数自动探测一项,以填入其他参数。
- Primary Slave:设置 IDE1 从硬盘的参数。
- Secondary Master:设置 IDE2 主硬盘的参数。

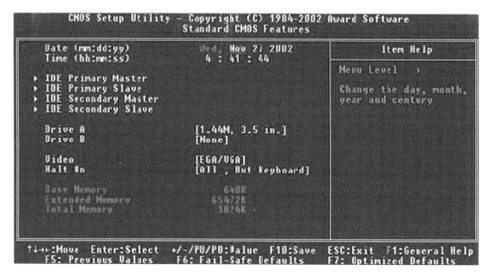

图 4-4　标准 BIOS 设置界面

- Secondary Slave：设置 IDE2 从硬盘的参数。

- Drive A：软驱 A 的类型设置，现在用得非常少。

- Video：显示类型的设置，一般选 EGA/VGA。

- Halt On：设置计算机在何种情况下发生停机；All Errors：BIOS 检测到任何错误，系统启动均暂停并且给出出错提示；No Errors：BIOS 检测到任何错误都不使系统启动暂停；All But Keyboard：BIOS 检测到除了键盘之外有任何错误使系统启动暂停，等候处理；All But Diskette：BIOS 检测到除了软驱以外有任何错误使系统启动暂停，等候处理；All But Disk/ Key：BIOS 检测到除了磁盘/键盘之外有任何错误使系统启动暂停，等候处理。

活动2　设置高级 BIOS

通过对高级 BIOS 设置的学习，了解高级 BIOS 特性设置中主要参数的作用。

进入 BIOS 设置界面，选择"Advance CMOS Features"选项，按"Enter"键进入高级 CMOS 特性设置界面，如图 4-5 所示。

- Virus Warning：病毒报警，此项一般不改动。

- CPU L1 & L2 Cache：CPU 一级和二级缓存，根据主板是否有缓存来决定。

- CPU Hyper-Threading：CPU 超线程，有些芯片组支持。

- Fast Boot：快速引导。

- 1st/2nd/3rd Boot Device：第一/第二/第三启动设备。

HDD-0：第一 IDE 口主硬盘；HDD-1：第一 IDE 口从硬盘；HDD-2：第二 IDE 口主硬盘；HDD-3：第二 IDE 口从硬盘；CDROM：光驱；Floppy：软驱；SCSI：并行设备；USB-ZIP：USB 口 ZIP 设备；USB-HDD：USB 口硬盘；USB-FDD：USB 口软驱；USB-ROM：USB 口光驱。

- Security Option：设置开机密码，选择"System"，开机时需要输入密码。

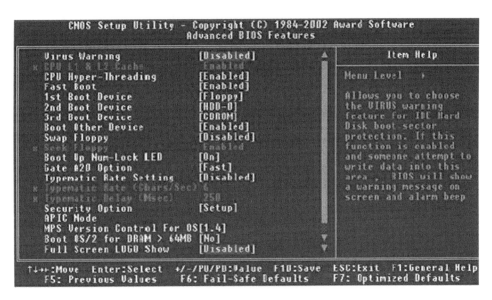

图 4-5　高级 BIOS 设置界面

活动 3　BIOS 的其他设置

通过查阅资料或在老师的帮助下,完成下列任务。

(1)设置 BIOS 的开机密码

在主界面中选择"Set Supervisor Password"(设置管理员密码)和"Set User Password"两项设置用户密码,界面如图 4-6 所示。

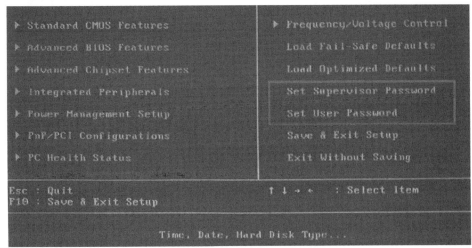

图 4-6　密码设置

(2)载入安全设置

在主界面中选择"Load Fail-Safe Defaults"(读取安全默认值),界面如图 4-7 所示。

(3)载入优化设置

在主界面中选择"Load Optimized Defaults"(读取优化默认值),界面如图 4-8 所示。

99

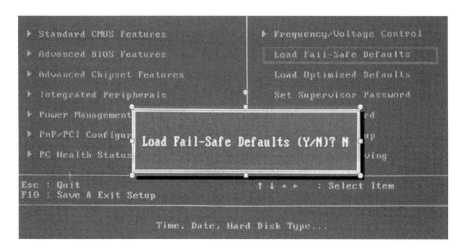

图 4-7　安全设置

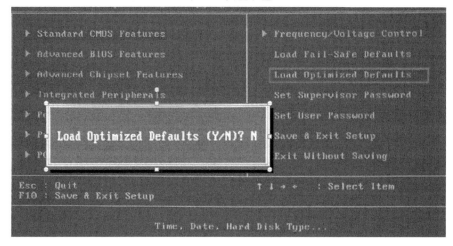

图 4-8　CMOS 优化默认设置

任务二　硬盘分区及格式化

【任务描述】

一台计算机通过硬件组装、BIOS 设置等环节后,已经可以正常启动了,但是此时并不能进入 Windows 桌面,这是因为计算机是还没有安装操作系统的"裸机"。一般要先对硬盘进行分区并格式化后,才能安装操作系统和应用软件。目前可以用于硬盘分区和格式化的软件工具不少,这里使用 Partition Magic 工具软件,下面将为计算机安装操作系统作准备。完成本任务之后,你将:

◆掌握硬盘分区的原因及分区类型;

◆掌握硬盘分区格式化的类型；

◆掌握用 Partition Magic 对硬盘进行格式化的方法。

【相关知识】

一、硬盘分区的基本知识

新硬盘如同运动场要先画跑道，才能进行田径比赛一样，必须先进行分区。而对已经分区的硬盘再重新分区时，要先删除分区，然后再建立分区。硬盘分区是指在一块物理硬盘上创建独立的逻辑单元，以提高硬盘利用率及实现数据的有效管理，这些逻辑单元即通常所说的 C 盘、D 盘和 E 盘等。下面将介绍硬盘分区的原因和分区类型等内容。

1. 分区的原因

● 引导硬盘启动：在创建硬盘分区时，已设置好了硬盘的各项物理参数，并指定了硬盘的主引导记录，即 MBR(Master Boot Record) 和引导记录备份的存放位置。主引导记录被存放在主分区中，只有主分区中主引导记录的存在，才可以正常引导硬盘启动。当主引导记录丢失时，就会造成硬盘无法启动的现象。

● 方便管理：如果一个硬盘是作为一个原始分区存在的，对计算机性能的发挥是相当不利的，系统盘内容太多会拖慢系统的运行速度。文件管理也会变得相当困难，不同类型的资料装入相应的盘，分门别类，便于查找。

● 提高磁盘利用率：硬盘分区之后，簇的大小也会变小。簇是指可分配的、用来保存文件的最小磁盘空间，操作系统规定一个簇中只能放置一个文件的内容，因此文件所占用的空间只能是簇的整数倍；而如果文件实际大小小于一簇，它也要占一簇的空间。所以，簇越小，保存信息的效率就越高。

2. 分区的类型

分区类型在早期的 DOS 操作系统中开始出现，其作用主要是为了描述各个分区之间的关系。

● 主分区：是硬盘中最重要的分区，在一个硬盘上最大能有 4 个主分区，当有 1 个扩展分区时，主分区只能创建 3 个，但只能有一个主分区是激活的，主分区默认为 C 磁盘。

● 扩展分区：是除主分区外的分区，但它不能直接使用，必须再将它划分为若干个逻辑分区。

● 逻辑分区：逻辑分区是在扩展分区中再度分配的独立区域，可以有若干个，就是平常在操作系统中所看到的 D、E、F 盘。

主分区可以有 1~4 个，扩展分区可以有 1 个。而在扩展分区中，又可划分出多个逻辑分区,一般如无特殊必要,建议只创建一个主分区,一个扩展分区,在扩展分区中在分配1~4个逻辑分区。

 二、了解分区的文件格式

硬盘的分区格式决定了操作系统的兼容性及硬件读写性能的差异。通常的分区文件格式有 FTA16、FAT32 与 NTFS。

1. 文件分区格式

● FAT16 分区格式:这是 MS-DOS 和早期的 Windows 95 操作系统中最常见的磁盘分区格式。它采用 16 位的文件分配表,能支持最大为 2 GB 的分区,是目前应用最为广泛和获得操作系统支持最多的一种磁盘分区格式。但是它有一个最大的缺点是:磁盘利用效率低。由于分区表容量的限制,FAT16 支持的分区越大,磁盘上每个簇的容量也越大,造成的浪费也就越大。

● FAT32 分区格式:这种格式采用 32 位的文件分配表,使其对磁盘的管理能力大大增强,突破了 FAT16 对每一个分区的容量只有 2 GB 的限制。每个簇容量都固定为 4 kB,与 FAT16 相比,可以大大地减少磁盘的浪费,提高磁盘利用率。目前,支持这一磁盘分区格式的操作系统有 Windows XP、Windows 97、Windows 98 和 Windows 2000。但这种分区格式也有它的缺点:采用 FAT32 格式分区的磁盘扩大了文件分配表,运行速度比采用 FAT16 格式分区的磁盘要慢,DOS 不支持这种分区格式,所以采用这种分区格式后,就无法再使用 DOS 系统了。

● NTFS 分区格式:它的优点是安全性和稳定性极其出色,在使用过程中不易产生文件碎片。它能对用户的操作进行记录,通过对用户权限的严格限制,使每个用户只能按照系统赋予的权限进行操作,充分地保护系统与数据的安全。

● ext2、ext3 分区格式:Linux 是开源的操作系统,它的磁盘分区格式与其他操作系统完全不同,ext2、ext3 是 Linux 操作系统适用的磁盘格式。

2. 格式化分区

在对硬盘的分区和格式化处理步骤中,建立分区和逻辑盘是对硬盘进行格式化处理的必然条件,用户可以根据物理硬盘容量和自己的需要建立主分区、扩展分区和逻辑盘符后,再通过格式化处理来为硬盘分别建立引导区(BOOT)、文件分配表(FAT)和数据存储区(DATA),只有经过以上处理之后,硬盘才能在计算机中正常使用。

计算机对硬盘上所存储的所有信息都是以"文件"方式进行管理的,因此计算机为硬盘建立相应的文件分配表(英语缩写为 FAT)以管理存储在硬盘上的大量"文件"。

任务实施

活动1 使用 Partition Magic 对硬盘分区及格式化

对一块新硬盘160 GB分成4个分区,一个主分区,另一个扩展分区。在扩展分区里划分3个逻辑盘,其中C盘80 GB,D盘40 GB,E盘20 GB,其余为F盘。

操作步骤如下:

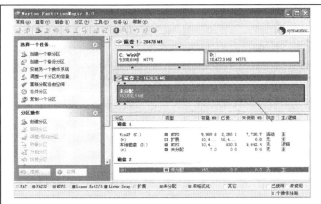

Partition Magic 主界面

第1步:选择要分区的磁盘。

把带有 Partition Magic 的光盘放入光驱,启动 PQ 软件,选择要分区的磁盘2。进入 Partition Magic 界面。

建立主分区界面

第2步:建立主分区。

依次选择"分区"→"创建",打开"创建分区"对话框,选择创建为"主分区"以及分区的类型为 NTFS,并输入分区大小 80 000 MB。

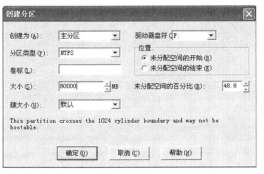

(a)建立逻辑分区

第3步:建立逻辑分区。

在 Partition Magic 分区软件中,不需要单独建立扩展分区,直接在未分配的区域上建立逻辑分区,直到分配完所用分区。整个逻辑分区就是扩展分区。

首先建立第一个逻辑分区,输入 40 000 MB,NTFS 格式,如图(a)所示。

用同样的方法建立第二、第三逻辑分区,大小都为 20 000 MB。

所有分区建好之后,如图(b)所示。

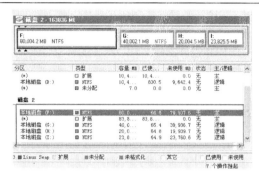

(b)整个硬盘分区状况

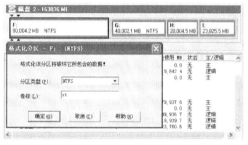

格式化磁盘

第4步:格式化磁盘

可以在装入系统后,在系统下格式化,也可以分区时就格式化。

在 Partition Magic 主界面中,选择需要格式化的磁盘分区,单击右键,选择"格式化",打开格式化磁盘对话框,完成磁盘格式化,如图4-14所示。

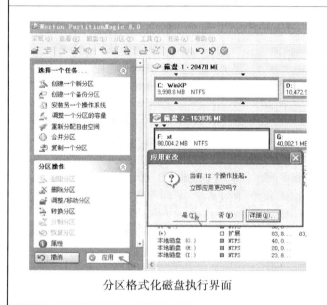

分区格式化磁盘执行界面

第5步:执行操作。

主分区和逻辑分区建立完成后,单击"应用"按钮,进行分区操作,如图4-15所示。在询问窗口中,单击"是"进行执行操作。

完成分区后,需要重新启动计算机。

104

活动2 利用 Windows 安装盘对硬盘分区及格式化

对一块新硬盘160 GB分成4个分区,一个主分区,一个扩展分区,在扩展分区里划分3个逻辑盘,其中 C 盘 80 GB;D 盘 40 GB;E 盘 20 GB,其余为 F 盘。

 Windows 系统分区	**第 1 步:进入分区界面。** 把 Windows XP(Windows 2003)原盘放入光驱,通过光驱启动进入分区界面。
(a)创建磁盘分区 (b)整个磁盘分区状况	**第 2 步:创建分区。** 按键盘上的"C"键,出现如图(a)所示的创建新磁盘分区界面,输入磁盘分区大小,按"Enter"键完成磁盘分区。 用同样的方法创建其他逻辑分区,整个硬盘分区状况如图(b)所示。
磁盘格式化	**第 3 步:磁盘格式化。** 选择磁盘分区,然后按"Enter"键,打开磁盘格式化窗口,完成磁盘格式化。

任务三 安装操作系统

【任务描述】

在进行了 BIOS 设置和硬盘分区及格式化操作后,便可进行软件的安装。而操作系统是计算机软件的核心,是计算机运行的基础,硬件驱动程序和常用软件只能安装在操作系统中,本任务主要介绍安装操作系统,考虑到机房的可维护性,常在虚拟机中安装操作系统。完成本任务之后,你将:

◆熟悉安装操作系统前的准备工作;

◆熟练掌握 VMware 虚拟机的使用;

◆能独立安装 Windows XP、Windows 7 操作系统。

【相关知识】

一、了解常见的操作系统

只要操作过计算机的人对操作系统都非常熟悉,计算机的操作系统种类非常多,比较常用的只有几种,那我们为什么需要操作系统呢?

操作系统分配系统中的资源,管理存储器空间,控制基本的输入输出操作,监控计算机运行和故障,维护计算机安全等,下面介绍常见计算机操作系统的分类。

Windows 版本

最为常见的就是 Windows 操作系统,Windows 是 Microsoft 公司在 1985 年 11 月发布的第一代窗口式多任务系统,对计算机的发展起着不可磨灭的功劳,常见的版本如左图所示。

Linux 操作界面

Linux 是由 UNIX 计算机操作系统延伸而来的,一般都为服务器端,为专业公司使用,个人很少使用这个系统。对于不熟悉专业技术的人而言,不容易使用,Linux 操作界面如左图所示。

Mac 系统启动界面

Mac 系统是苹果公司开发的,国外使用的用户相当多,国内的用户很少使用,苹果系统启动界面如左图所示。

其他操作系统

当然还有其他的操作系统,大都用于服务器端,如 IBM、SUN、HP 等公司开发的,普通用户很少接触这些系统,如左图所示。

107

二、VMware 虚拟机介绍

虚拟机技术是一项在一个操作系统中部署多个操作系统,从而在一台计算机上使用多系统的计算机新技术,使用虚拟机技术便于学生实验、网络环境布置等。

VMware Workstation 是由美国 VMware 公司开发的虚拟软件。利用它可以在一台计算机上将硬盘和内存的一部分虚拟出若干台计算机,每台计算机可以独立运行各自独立的操作系统而互不干扰。

下面介绍一款免费的虚拟软件 VMware Workstation 8 的使用。

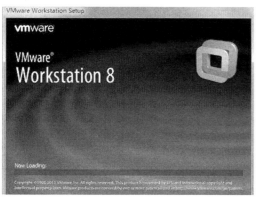 VMware Workstation 8 安装界面	下载 VMware Workstation 8 并安装。
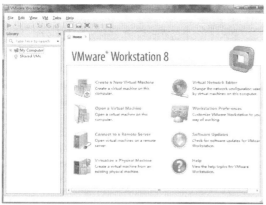 VMware Workstation 8 主界面	启动 VMware Workstation 8 后的主界面。
 网络连接	安装完 VMware 后,主机的网络连接里出现了两个新的连接。 • VMnet 1:用于与 HostOnly 虚拟网络进行通信的虚拟网卡。 • VMnet 8:用于与 NAT 虚拟网络进行通信的虚拟网卡。

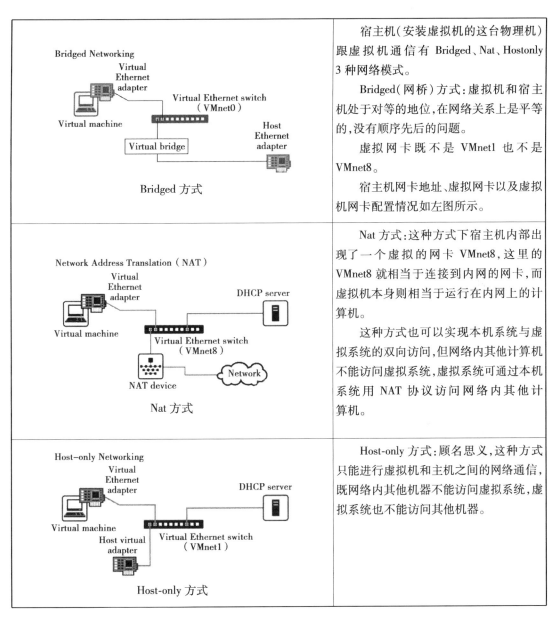	宿主机(安装虚拟机的这台物理机)跟虚拟机通信有 Bridged、Nat、Hostonly 3 种网络模式。

宿主机(安装虚拟机的这台物理机)跟虚拟机通信有 Bridged、Nat、Hostonly 3 种网络模式。

Bridged(网桥)方式:虚拟机和宿主机处于对等的地位,在网络关系上是平等的,没有顺序先后的问题。

虚拟网卡既不是 VMnet1 也不是 VMnet8。

宿主机网卡地址、虚拟网卡以及虚拟机网卡配置情况如左图所示。

Nat 方式:这种方式下宿主机内部出现了一个虚拟的网卡 VMnet8,这里的 VMnet8 就相当于连接到内网的网卡,而虚拟机本身则相当于运行在内网上的计算机。

这种方式也可以实现本机系统与虚拟系统的双向访问,但网络内其他计算机不能访问虚拟系统,虚拟系统可通过本机系统用 NAT 协议访问网络内其他计算机。

Host-only 方式:顾名思义,这种方式只能进行虚拟机和主机之间的网络通信,既网络内其他机器不能访问虚拟系统,虚拟系统也不能访问其他机器。

 任务实施

活动1 利用 VMware 创建虚拟计算机

在 VMware 中新建虚拟机 Windows XP,并给虚拟机命名 winxp,确定虚拟机的工作目录,下面是安装虚拟机的操作步骤。

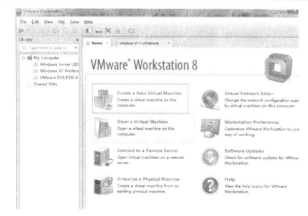

Create a New Virtual Machine 界面

第1步:打开 VMware,在该界面上单击第一个图标"Create a New Virtual Machine",创建一个新的虚拟机系统。

创建虚拟机向导

第2步:在弹出的对话框中选择"Custom"(自定义安装),之后单击"Next"按钮。

是否立即安装操作系统

第3步:单击"Next"按钮,直到出现选择光盘;在这里选择最后一项,是稍后再放入安装系统的意思,后面会介绍如何安装,这里直接单击"Next"按钮即可。

New Virtual Machine Wizard **Select a Guest Operating System** Which operating system will be installed on this virtual machine? Guest operating system ⦿ Microsoft Windows ○ Linux ○ Novell NetWare ○ Sun Solaris ○ VMware ESX ○ Other Version Windows XP Professional ▾ 操作系统类型	第 4 步:因为要安装 Windows XP 系统,在"Version"即版本的下拉菜单下选出"Windows XP Professional",之后单击"Next"按钮。 注意:这里要根据安装的系统选择版本。 接下来是选择"安装路径",在"Browse"里确定安装的路径并给虚拟机命名。
Processors Number of processors: 1 ▾ Number of cores per processor: 1 ▾ Total processor cores: 1 处理器设置	第 5 步:选择处理器的核心数,采取默认设置,之后单击"Next"按钮。
Specify the amount of memory allocated to this virtual machine. The memory size must be a multiple of 4 MB. 64 GB 32 GB 16 GB 8 GB 4 GB 2 GB 1 GB 512 MB 256 MB 128 MB 64 MB 32 MB Memory for this virtual machine: 512 ▲▼ MB ◻ Maximum recommended memory: 2860 MB ◻ Recommended memory: 512 MB ◻ Guest OS recommended minimum: 128 MB 内存设置	第 6 步:选择内存的大小,蓝色箭头为最高配置,绿色箭头为推荐配置,黄色的为最低配置要求,直接选择推荐的"512 MB"来安装,单击"Next"按钮。
Network connection ⦿ Use bridged networking Give the guest operating system direct access to an external Ethernet network. The guest must have its own IP address on the external network. ○ Use network address translation (NAT) Give the guest operating system access to the host computer's dial-up or external Ethernet network connection using the host's IP address. ○ Use host-only networking Connect the guest operating system to a private virtual network on the host computer. ○ Do not use a network connection 选择网络桥接模式	第 7 步:选择网络形式,这里选择桥接模式"bridged networking",单击"Next"按钮。

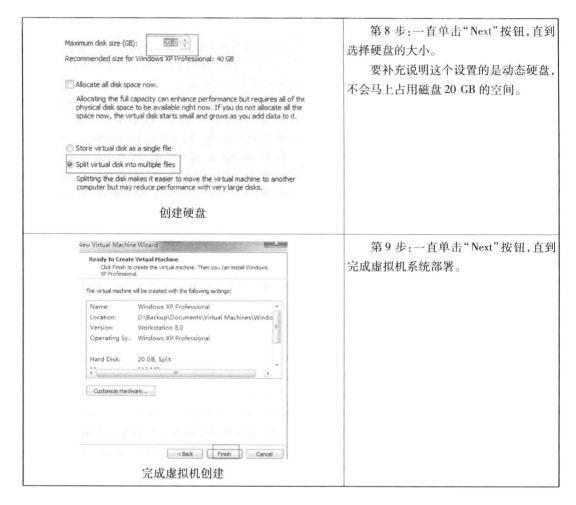 创建硬盘	第 8 步：一直单击"Next"按钮，直到选择硬盘的大小。 要补充说明这个设置的是动态硬盘，不会马上占用磁盘 20 GB 的空间。
完成虚拟机创建	第 9 步：一直单击"Next"按钮，直到完成虚拟机系统部署。

活动 2 利用 VMware 虚拟机安装 Windows XP 操作系统

利用 VMware 虚拟计算机安装操作系统是一个计算机维护人员经常做的事情，也是初学者学习安装操作系统经常使用的方法。介绍操作步骤如下：

（1）在虚拟机 BIOS 中设置光驱启动

一台虚拟机界面

第 1 步：虚拟机成功建立之后，会出现如左图所示的界面，单击"Edit virtual machine settings"（编辑虚拟机设置）。

虚拟机里添加光驱

第 2 步:加载光盘镜像文件,选择"Use ISO Image file"(使用 ISO 镜像文件)。

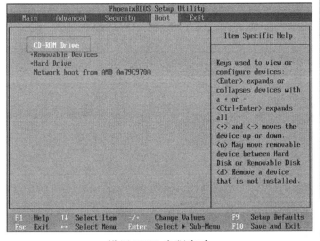

设置 BIOS 光驱启动

第 3 步:启动虚拟机时快速按"F2"键,进入 BIOS 设置光驱优先启动,也可以在菜单里选择"Power On BIOS"启动时进入 BIOS。

在 BIOS 里设置成光驱优先启动,如左图,保存并退出。

注意:

①按"Ctrl + Alt"键,可以在宿主机和虚拟机之间切换。

②按小键盘的 + 号可调节 CD-ROM启动顺序。

(2)在虚拟机中安装 Windows XP

在虚拟机中安装 Windows XP 的操作步骤如下:

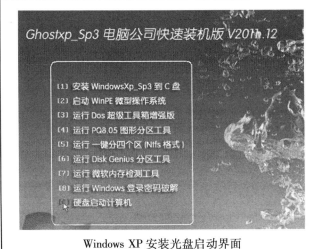

Windows XP 安装光盘启动界面

第 1 步:从 CD-ROM 启动,选择"运行 Disk Genius 分区工具"运行分区软件。

113

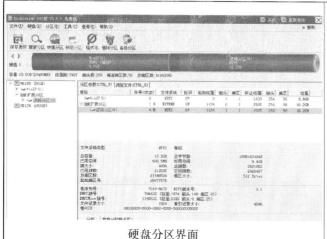

硬盘分区界面

第 2 步：对硬盘进行分区，要分成主分区和逻辑分区，对主分区激活，选择"保存更改"。

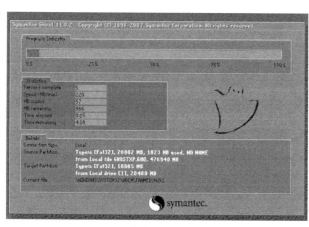

Ghost 克隆 Windows XP

第 3 步：重新启动虚拟计算机，选择启动选项的第一项"安装 Windows XP 到第一分区"，然后开始 Ghost XP 复制安装工作。

Windows 安装完毕

第 4 步：安装好的 Windows XP 如左图所示。

活动 3　创建虚拟计算机并安装 Windows 7

安装方法同 Windows XP 一样。

任务四　安装驱动程序

【任务描述】

由于计算机系统是由许多硬件组合而成,因此在操作系统安装好后,还需要安装相关的硬件驱动程序。例如主板驱动、(独立)显卡驱动、(独立)声卡驱动、(独立)网卡驱动等,因为只有安装了正确的驱动程序,系统才能识别当前所安装的硬件设备,才能保证该设备正常工作。完成本任务之后,你将:

◆了解驱动程序的作用;

◆掌握驱动程序的安装方法;

◆会使用驱动精灵安装驱动程序。

【相关知识】

一、了解驱动程序的作用

驱动程序实际上是一段能让计算机与各种硬件设备通话的程序代码,通过它操作系统才能控制计算机上的硬件设备,只有安装了驱动程序,硬件才能在操作系统中发挥最佳的性能。对一些旧主板,安装好 Windows 操作系统后,会自动安装好主板的驱动程序;对于现在大部分的新主板,在安装好 Windows XP 后,需要手动安装主板的驱动程序;对现在的许多新显卡,也需要安装驱动程序。

二、获取驱动程序的方法

获得驱动程序的方法主要有以下几种:

1. 硬件厂商提供

一般情况下,购买各种硬件设备时,其生产厂商都会根据自己的硬件设备特点开发专门的驱动程序,并采用软盘(现在基本不用)或光盘的形式在销售硬件时提供。

2. 通过网络下载

硬件厂商将相关的驱动程序放到网上供用户下载,这些驱动程序大多数是较新的版本,可对系统硬件的驱动进行升级,那么怎样才能了解该硬件的型号?

了解硬件型号可以打开机箱查看硬件的型号,还可以通过一些检测软件,检测出计算机中主板、显卡、声卡等部件型号,例如 HWINFO 就是一款不错的检测软件,用它可以显示 CPU、主板及芯片组、BIOS 版本、内存等信息。另外,HWINFO32 还提供了对 CPU、内存、硬盘以及 CD-ROM 的性能测试功能。

三、如何安装驱动程序

1. 查找驱动程序

一般的主板都集成声卡、网卡,也有的是集成显卡,所有这些驱动都在主板驱动盘里。一般的驱动盘放入光驱后都会自动播放,如果不自动播放,一般打开"我的电脑"→"光驱盘符"即可。一般光盘中标写为 Inf 的文件夹为主板驱动,Audio 或者 Sound 的文件夹为声卡驱动,Vga 的文件夹为显卡驱动,Usb 的文件夹为 Usb 驱动,Lan 文件夹为网卡驱动,Sata 的文件夹为 Sata 硬盘驱动(针对 Sata 硬盘而言)。

2. 驱动程序的安装顺序

首先安装主板驱动程序:主要是指安装芯片组的驱动程序。

其次安装各种板卡驱动程序:安装完主板驱动程序后,接着安装各种插在主板上的板卡驱动程序,如声卡、显卡、网卡等。

最后安装各种外设驱动程序:如打印机、扫描仪等。

3. 安装驱动程序的方法

设备管理器安装驱动程序

使用设备管理器安装驱动程序

设备管理器是操作系统提供对计算机硬件管理的一个图形化管理工具,使用设备管理器可以更改计算机的配置,获得相关硬件的驱动程序信息,对硬件设备进行更新、禁用、停用或启用等操作。

（上半部分）控制面板安装驱动程序	**使用控制面板安装驱动程序** 打开控制面板,选择相应的硬件设备安装驱动程序。
（下半部分）驱动精灵安装驱动程序	**使用驱动精灵自动安装** 如果系统能上网,安装驱动精灵后,系统可以在线自动安装驱动程序。

 任务实施

活动 1　利用 HWiNFO 软件检测计算机硬件型号

在网上下载 HWINFO 软件或由老师提供,检测自己使用的计算机主要硬件型号,并从网上下载该硬件的驱动程序。

图 4-9 展示的是 HWINFO 软件测试的硬件信息。

117

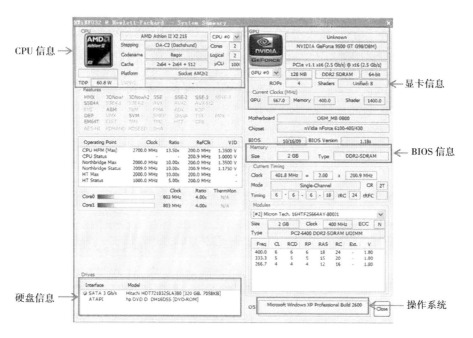

CPU 信息

显卡信息

BIOS 信息

硬盘信息

操作系统

图 4-9 HWINFO 软件测试的硬件信息

活动2 安装主板、显卡驱动程序

主板驱动程序安装主界面

安装主板驱动

第1步:将主板所附带的驱动程序CD放入光驱中,系统会自动弹出驱动程序的安装窗口,按顺序安装主板的驱动程序。左图为方正计算机主板的驱动程序安装界面。选择"安装主板补丁程序"选项,进入欢迎安装界面。

第2步:单击"下一步"按钮进入许可协议界面,选择接受协议,单击"是"按钮。

第3步:查看系统要求和安装信息,单击"下一步"按钮,程序开始复制文件,直到"完成"按钮。安装完成后,重新启动计算机。

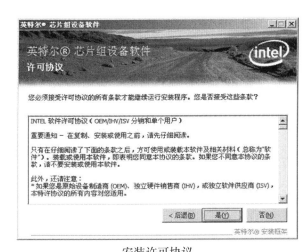

安装许可协议

智能驱动的主界面

安装显卡驱动程序

大多数主板驱动光盘都支持自动播放,这里以方正计算机驱动光盘为例。自动运行之后,出现如左图所示的"安装驱动程序"界面。在该界面中,可以看到系统检测驱动程序的结果,在要安装的驱动项目上打钩,单击"下一步"按钮,开始复制安装文件。复制文件完成后,单击"重启动计算机"按钮,完成安装工作。

活动3　安装打印机的驱动程序

根据教师提供的打印机和该打印机的驱动程序,安装打印机的驱动程序。在实际操作中,也可以练习安装独立显卡、独立声卡、独立网卡等的驱动程序。下面介绍一款打印机驱动程序安装方法。

1. 安装方法一

通过"设备管理器"安装驱动程序。

119

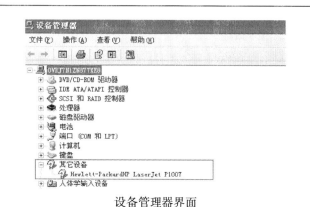

设备管理器界面

第1步:连接好打印机,打开打印机的电源开关。系统自动寻找打印机的驱动程序,如果没有匹配的驱动程序,设备管理器中会显示黄色"?"或"!",则说明该设备驱动未安装,如左图所示。

(a)扫描硬件驱动

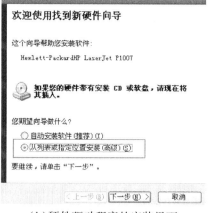

(b)硬件驱动程序的安装界面

第2步:选择未知设备,单击右键,在弹出的快捷菜单中选择"扫描检测硬件驱动",如图(a)所示,打开"找到新的硬件向导"安装驱动程序对话框,如图(b)所示。选择"从列表或指定位置(高级)"安装选项。

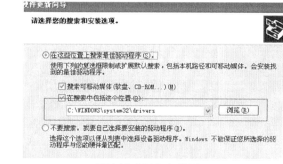

硬件驱动程序安装界面

第3步:单击"下一步"按钮,找到打印机驱动程序的位置,然后再单击"下一步"按钮即可完成安装。

2. 安装方法二

通过打印机驱动程序执行文件安装驱动程序。

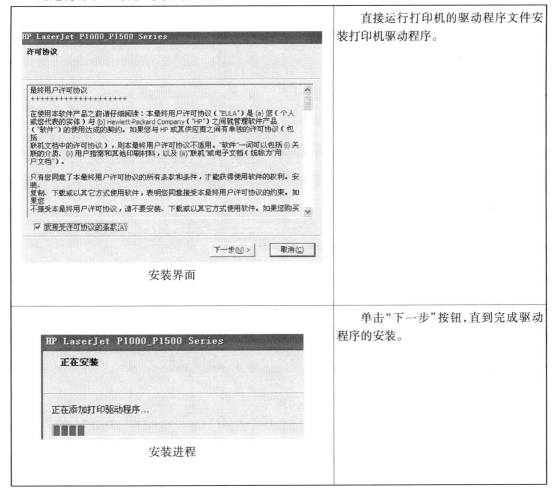

	直接运行打印机的驱动程序文件安装打印机驱动程序。
安装界面	
安装进程	单击"下一步"按钮,直到完成驱动程序的安装。

3. 安装方法三

通过"驱动精灵"或"驱动人生"等软件进行网络安装驱动程序。

任务五　安装常用软件

【任务描述】

个人计算机应满足工作、学习、娱乐的需要,除了安装操作系统、驱动程序之类的系统软件外,还需要安装各种应用软件,如办公软件、工具软件、杀毒软件等。在安装应用软件之前,必须根据实际情况,准备好所需的各种软件。应用软件可以购买,但常用的软件一般可以从网上下载免费软件或共享软件。完成本任务之后,你将:

◆熟悉软件的安装方法;

◆会安装 WinRAR、360 安全卫士、暴风影音等常用工具软件;

◆会安装 Office 办公软件。

【相关知识】

一、常用应用软件的介绍

安装好操作系统后的计算机功能是有限的,要完成各种工作还需要安装应用软件。

1. 什么是应用软件

应用软件是用户可以使用的各种程序设计语言,以及用各种程序设计语言编制的应用程序的集合。要使计算机成为工作、学习、娱乐的工具,必须安装各种所需的应用软件。

2. 常用的应用软件

• 办公室软件:办公软件的典型代表是 Microsoft Office 软件(基本组件:Word、Excel、PowerPoint、Access 等)。

• 工具软件:压缩工具(WinRAR、WinZIP),下载工具(Thunder、Flashget),备份工具(Ghost),系统优化工具(Windows 优化大师、超级兔子)等。

• 杀毒软件:常用的杀毒软件有卡巴斯基、瑞星、江民、金山毒霸、诺顿、360 安全卫士等。

• 媒体播放器:暴风影音(MyMPC)、PowerDVDXP、Realplayer、Windows Media Player 等。

• 通信聊天软件:QQ、MSN 等。

• 阅读器:CajViewer、AdobeReader、PdfFactoryPro(可安装虚拟打印机,可以自己制作

PDF 文件）。
- 输入法（有很多版本）：搜狗输入法、智能 ABC、五笔。
- 网络电视：Powerplayer、PPlive、PPmate、PPNtv、PPstream、QQLive 等。

二、应用软件的分类与安装

1. 应用软件的分类

应用软件一般分为注册版、共享版、绿色版等，注册版需要购买注册码后才能正常安装，否则在功能开放及试用时间等方面都有较大的限制。共享版则可以免费使用。绿色版是一类不需要安装直接复制原文件后既可以直接运行的软件。

2. 应用软件的安装

应用软件的安装的方法大同小异，一般包括以下几个关键步骤：

①将光盘放入光驱，自动运行。

②通常在应用软件程序包里包含有许多类型的文件，其中有一类可执行的安装文件，常常以 Setup. exe 或 Install. exe 来命名，而且图标比较显眼，只要直接双击运行后，按照提示可逐步完成安装。有时，在应用软件程序包里还会有一个 sn. txt 的文本文档，里面通常记载了安装所需的序列号等信息。

③在安装协议里，一般需要同意协议，还要仔细甄别安装程序的一些提示信息，比如是否要创建桌面快捷方式、是否要安装某某插件、是否要程序随计算机自动启动等，根据各自需求作出合理地选择。

④安装路径默认为 C 盘，但是建议装在其他盘，即非 C 盘，因为如果重装系统的话，格式化 C 盘就不会对应用软件有影响。

任务实施

活动1　安装 WinRAR 压缩软件

WinRAR 是一款功能强大的压缩包管理器。该软件可用于备份数据，缩减电子邮件附件的大小，解压缩从 Internet 上下载的 RAR、ZIP 及其他文件，并且可以新建 RAR 及 ZIP 格式的文件，安装步骤如下：

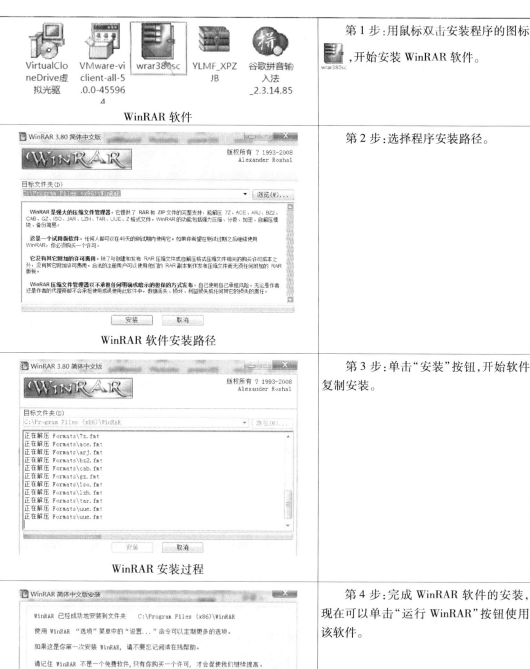

WinRAR 软件	第1步:用鼠标双击安装程序的图标,开始安装 WinRAR 软件。
WinRAR 软件安装路径	第2步:选择程序安装路径。
WinRAR 安装过程	第3步:单击"安装"按钮,开始软件复制安装。
WinRAR 安装完毕	第4步:完成 WinRAR 软件的安装,现在可以单击"运行 WinRAR"按钮使用该软件。

活动 2　安装暴风影音视频播放软件

在网上下载或者教师提供"暴风影音"的安装软件,把它安装在 D 盘的"视频播放"文件夹下。

活动 3　安装 360 安全卫士软件

在网上下载或者教师提供"360 安全卫士"的安装软件,把它安装在 D 盘的"360 安全卫士"文件夹下。

活动 4　安装 Office 2007 办公软件

根据教师提供的"Office 2007 办公"的安装软件,把它安装在 D 盘的"Office"文件夹下。安装过程如下:

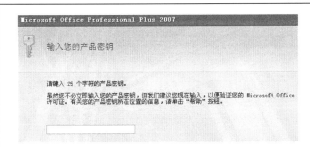 Office 2007 安装主界面	第 1 步:打开光驱双击 Setup. exe 后,出现安装向导界面,首先出现的是"输入您的产品密匙"如左图所示。 这里产品密匙,就是序列号,一般存在安装文件夹中,同时还有安装说明或者 SN 文本文件。
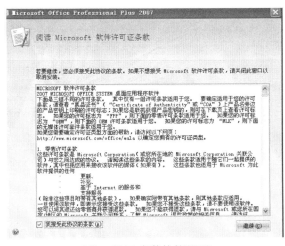 Office 2007 安装协议界面	第 2 步:进入安装协议界面,在"我接受安装协议条款"的前边打"√",如左图所示。 要成功安装软件就必须选择同意安装协议。

Office 2007 安装组件

第 3 步:安装程序选择是自定义安装还是立即安装,这里建议选择"自定义安装",然后根据需要安装相应的软件,如左图所示。

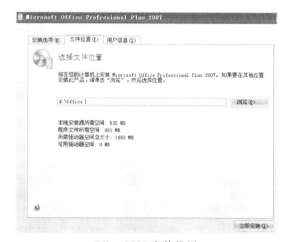

Office 2007 安装位置

第 4 步:选择"文件位置"选项,单击"浏览"按钮,安装到 D:\Office。这里建议将体积较小而又经常使用的程序安装到 C 盘,这样便于制作一键恢复的系统备份;将体积较大的程序,比如 PS 等安装到 D 盘或 E 盘,这样以保证程序有足够的运行暂存空间,如左图所示。

Office 复制文件

第 5 步:单击"立即安装"按钮,进入程序安装复制阶段,如左图所示。然后单击"下一步"按钮,逐一安装即可。

Office 软件安装完毕

第6步:稍后即完成安装,如左图所示。

活动5　安装360杀毒软件

根据提供的360杀毒软件,把它安装在D盘中。

【项目小结】

　　本项目先学习了BIOS的基本知识,硬件的分区格式化操作。学生通过VMware虚拟系统练习硬盘的分区,并能独立地安装操作系统,这些是计算机维护工作中的一项基础工作。通过本项目的学习,学生应熟练掌握操作系统的安装和设备驱动程序的安装以及常用软件的安装。

【思考与练习】

1. 单项选择题

　　(1)对于BIOS的主要组成与功能,下列描述错误的是(　　　　)。

　　　　A. CPU中断服务程序　　　　　　　　B. 系统CMOS设置

　　　　C. POST上电自检　　　　　　　　　　D. 操作系统

　　(2)POST程序监测到任何错误后,BIOS程序将暂停下来等待用户处理,那么其对应停止条件设置应该设置为(　　　　)。

　　　　A. All Errors　　　　　　　　　　　　B. No Errors

　　　　C. All But Keyboard　　　　　　　　　D. All But Diskette

　　(3)(　　　　)指硬盘操作系统引导记录区。

　　　　A. DIR区　　　　　　B. FAT区　　　　　　C. MBR区　　　　　　D. DBR区

　　(4)下列软件中,属于操作系统的是(　　　　)。

　　　　A. Office 2007　　　　B. Windows 2008　　　C. Photoshop　　　　D. Flash

127

2. 判断题(对的打"√",错误的打"×")

(1)格式化某个分区或逻辑盘时,将删除存储在该分区或逻辑盘上的所有数据。

(   )

(2)"Set active partition"意为"建立主分区"。 (   )

(3)影响安装操作系统速度的主要因素是 CPU 频率,与内存容量关系不大。 (   )

(4)大多数情况下,Windows XP 采用 FAT 32 文件系统较合适。 (   )

(5)安装应用软件,一般是执行安装盘上的 Setup 文件。 (   )

3. 简答题

(1)为什么新硬盘在使用前要进行分区及格式化操作?

(2)对一个旧硬盘重新进行分区,简述其操作步骤。

(3)操作系统具有哪些功能和作用?

(4)目前最新操作系统是什么? 对硬件要求如何?

(5)在安装操作系统过程中,不小心按了重新启动按钮,将对安装过程产生怎样的影响?

(6)驱动程序的作用是什么,通常按何种次序安装各组件的驱动程序?

系统的优化、备份与还原

对计算机系统进行安全与优化设置的目的是为了减少计算机出现故障的几率并提高运行效率。一台优化良好的计算机会一直处于较好的工作状态，一旦出现系统故障，也能迅速还原。而一台从未维护的计算机，重要的数据可能会无缘无故地丢失。

完成本项目的学习后，你将：

◆掌握计算机系统的基本调试方法；

◆掌握操作系统备份与还原方法；

◆掌握系统漏洞修复和优化工具，能设置和使用杀毒软件。

任务一　调试计算机系统

【任务描述】

　　计算机系统的默认设置并不是对所有用户都适用,用户可以根据自己的实际情况和需求创建个性化的操作系统环境。通过本任务的学习,你将:

◆会对显示器、文件夹、鼠标、键盘、输入法等属性进行设置;

◆会添加 Window 组件程序和卸载计算机程序;

◆会正确配置网络 IP 地址、网关、DNS。

【相关知识】

一、了解 Windows 控制面板

　　"控制面板"是 Windows XP 提供的专门用于查看计算机系统性能和设置的工具集,使用其中的工具能够对系统进行各种设置。

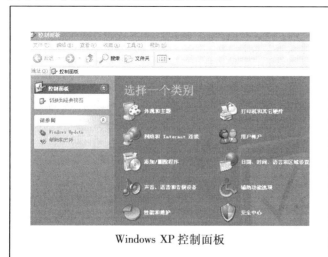

Windows XP 控制面板	**Windows XP 控制面板** 　　通过"开始"菜单可以打开"控制面板"。可以选择"切换到经典视图"进入经典视图控制面板。

Windows 7 控制面板

Windows 7 控制面板

通过"开始"菜单可以打开"控制面板"。

二、了解 Windows 组件程序

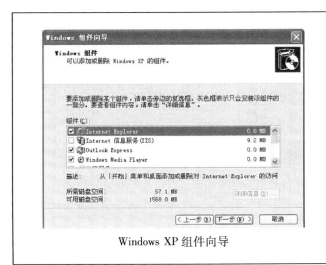

Windows XP 组件向导

Windows 组件程序是内置或捆绑在 Windows 中的一些软件程序,如 IE 和附件中的工具,系统自带的游戏、通讯工具、系统工具和辅助工具等应用程序。这些常用 Windows 组件,用户可以根据需要安装或删除。

三、Windows 账户设置

众所周知,Windows 是一个支持多用户、多任务的操作系统,这是权限设置的基础,一切权限设置都是基于用户和进程而言的,不同的用户在访问这台计算机时,将会有不同的权限。Windows XP 系统提供的 3 种类型账户的权限如表5-1 所示。

131

表 5-1　账户类型表

账户类型	权　限
计算机管理员账户	创建和删除计算机上的用户账户,为计算机上其他用户创建账户密码,更改其他人的账户名、图片、密码和账户类型,该计算机上拥有其他计算机管理员账户时,可以将自己的账户类型更改为受限制账户类型
受限账户	更改或删除自己的密码,无法更改自己的账户名或账户类型,受限账户无法安装软件或硬件,可以访问已经安装在计算机上的程序
来宾账户	来宾账户在计算机上没有用户账户,没有密码,可以快速登录,以检查电子邮件或者浏览 Internet。来宾用户无法安装软件或硬件,但可以访问已经安装在计算机上的程序

四、Windows 系统中的网络配置

只有正确地配置网络,计算机才能正常上网。通过"本地连接"属性,可以配置网络 IP 地址、子网掩码、网关、DNS。

选择桌面上的"网络连接",单击右键,弹出"网络连接"对话框。选择"本地连接",单击右键,在弹出的快捷菜单中选择"属性",打开"本地连接 属性"对话框,然后钩选"Internet 协议(TCP/IP)",打开"Internet 协议(TCP/IP)属性"对话框设置 IP 地址,如图 5-1 所示。

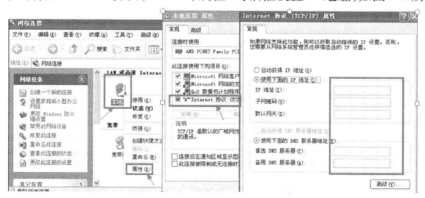

图 5-1　网络配置过程

任务实施

活动1　在 Windows XP 系统中设置主题

请你自己设计桌面背景、屏幕保护程序、分辨率、刷新率和颜色数、任务栏和"开始"菜单。

下面简要概述设置过程。

"显示 属性"对话框	**设置桌面背景** 　　通过桌面右键或者"控制面板"可以打开"显示 属性"对话框,进行设置桌面背景。
设置屏幕保护	**设置屏幕保护程序** 　　单击"显示 属性"对话框中的"屏幕保护程序"选项,设置屏幕保护程序。
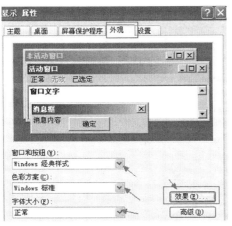设置外观	**设置外观** 　　Window XP 允许用户自己定义外观,包括窗口按钮、色彩方案、字体大小。

133

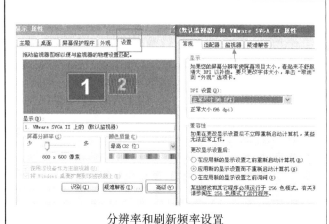

分辨率和刷新频率设置

设置颜色、分辨率和刷新频率

切换到"设置"选项卡,单击"高级"按钮,切换到"监视"选项卡后进行设置。

经典菜单设置

设置"开始"菜单为经典样式

右击任务栏空白处,在弹出的快捷菜单中选择"属性"命令,打开"任务栏和开始菜单"对话框,切换到"开始菜单"选项卡,选择"经典[开始]菜单"按钮,然后单击"确定"按钮即可。

活动2 在 Window XP 中添加字体

字体是我们美化文档、设计类工作所必需的。可以从网上下载好字体,安装在计算机中。

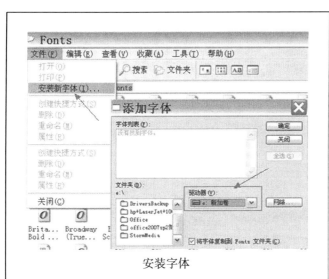 安装字体	**安装方法一** 找到 C：\WINDOWS\Fonts 文件夹，打开"文件"菜单，选择"安装新字体"。
 复制字体到 Font 文件夹	**安装方法二** 直接将字体文件复制到 C：\WINDOWS\Fonts 文件夹（特别提醒：如果没有通过以上步骤，可能会造成某些软件在调用字体文件的时候出错。建议按照上面的步骤安装，也可以直接将字体文件复制到 C：\WINDOWS\Fonts 文件夹下。

活动3　卸载软件

在计算机系统维护中，可能经常需要卸载不常用的软件或插件。可以采用 360 安全卫士、Windows 优化大师等第三方软件卸载。如果没有安装第三方软件，也可以使用 Windows 自带的"控制面板"中的"添加和删除程序"卸载软件。

活动4　配置网络静态 IP 地址

Windows XP 系统中可以通过桌面或"控制面板"打开"本地 连接属性"对话框。通过"本地 连接属性"配置 IP 地址。

Windows 7 系统中可以通过"控制面板"或任务栏中的"网络"快捷图标，打开"网络和共享中心"窗口，然后通过"更改适配器设置"打开"本地 连接属性"窗口，再通过"本地 连接属性"对话框配置 IP 地址，如图 5-2 所示。

图 5-2　Windows 7 配置静态 IP 地址

活动 5　添加系统用户

添加用户 teacher，设置为管理员用户，密码为"admin123#@！"，添加用户"student"，设置为普通用户。

任务二　优化计算机系统

【任务描述】

Windows 操作系统版本的更新，伴随而来的是操作系统的臃肿和运行的缓慢，同时，还经常碰到卡机、死机、蓝屏等现象，是不是我们的计算机配置太低？或者是我们的计算机中了木马和病毒？除了这些因素外，还有一个不可忽视的因素——系统未经优化。优化不仅仅可以美化桌面，还可以在最大限度上发挥计算机软硬件的性能。通过本任务的学习，你将：

　　◆了解系统优化的意义；
　　◆掌握计算机操作系统的启动项方法；
　　◆掌握关闭多余服务的方法；
　　◆熟悉手工和软件两种优化方式。

【相关知识】

一、注册表和组策略

1. 注册表

注册表中包含了有关计算机如何运行的信息。Windows 将它的配置信息存储在以树状形式组织的数据库(注册表)中。

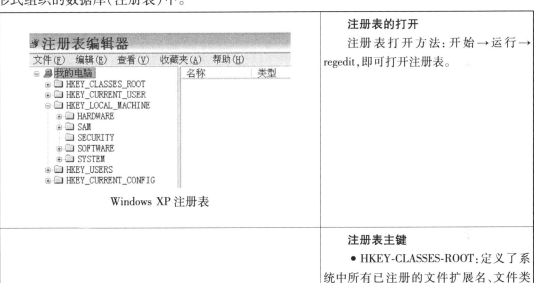

Windows XP 注册表	**注册表的打开** 注册表打开方法:开始→运行→regedit,即可打开注册表。
注册表主键	**注册表主键** ● HKEY-CLASSES-ROOT:定义了系统中所有已注册的文件扩展名、文件类型、文件图标等。 ● HKEY-CURRENT-USER:定义了当前用户的所有权限,登录信息。 ● HKEY-LOCAL-MACHINE:定义了本地计算机的软硬件的全部信息。 ● HKEY-USERS:定义了所有用户的信息,设置可以通过控制面板来修改。 ● HKEY-CURRENT-CONFIG:定义了计算机当前配置的情况,它实际上是指向HKEY-LOCAL-MACHINE\Config 结构中的某个分支的指针。 Windows 在启动时真正用到的只有HKEY-LOCAL-MACHINE 与 HKEY-USERS这两大主键,其他各项均由这两项衍生或是动态生成。

137

（a）注册表修改

（b）注册表修改

常见的注册表修改

（1）关闭软件后自动清除内存中没用的 DLL 文件，及时收回消耗的系统资源。

HKEY_LOCAL_MACHINE\Software\Microsoft\Windows\CurrentVersion\Explorer 主键，在右边窗口单击右键，新建一个名为"AlwaysUnloadDLL"的"字符串值"，然后将"AlwaysUnloadDLL"的键值修改为"1"，退出注册表后重新启动机器即可，如图（a）所示。

（2）修改病毒文件的文件夹隐藏属性 HKEY_LOCAL_MACHINE\Software\Microsoft\Windows\CurrentVersion\Explorer\Advanced\Folder\Hidden\SHOWALL 下，修改"CheckedValue"的键值为"1"，然后重新启动计算机，如图（b）所示。

2. 组策略

组策略就是修改注册表中的配置。组策略使用自己更完善的管理组织方法，可以对各种对象中的设置进行管理和配置，远比手工修改注册表方便、灵活，功能也更强大，同时也不会轻易因修改错误而导致系统崩溃。

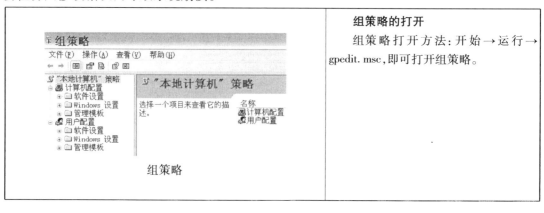

组策略

组策略的打开

组策略打开方法：开始→运行→gpedit.msc，即可打开组策略。

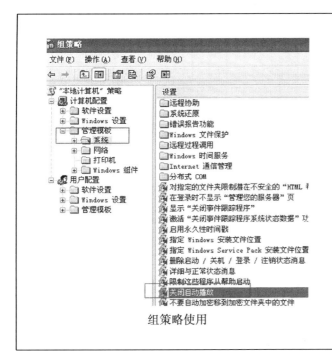

组策略使用

组策略的使用

关闭 U 盘/光盘自动播放功能,防止病毒侵入,方法如下:

方法 1:"计算机配置"→"管理模板"→"系统"→"关闭自动播放"→"设置"。

方法 2:"用户配置"→"管理模板"→"系统"→"关闭自动播放"→"设置"。

这两个"设置"选项都要选"已启用",在下面关闭自动播放里选择"所有驱动器"。

二、常见系统优化工具

如果你是一位初学者,可以使用第三方优化软件来进行系统优化。

- 备份/还原工具(一键精灵、Ghost)
- 磁盘管理工具(FD、DM、diskkeepper)
- 系统优化工具(超级兔子、优化大师、360 安全卫士)
- 内存整理工具(Ramclearner、Windows 内存整理大师)
- 数据恢复工具(finaldata、easy recovery)
- 硬件检测工具(cpu-z、Everest)

任务实施

活动 1　通过 Windows 自带的工具优化计算机系统

通过查阅资料,自己优化所使用的计算机,并谈谈你从哪些方面作了优化。

（1）优化系统软件

减少开机启动项

减少系统的启动项

计算机在启动时，系统本身的某些功能或者安装的某些应用程序会随着系统的启动而启动，但是有些应用程序不经常使用，所以可以根据需要来对系统的启动项进行优化。

启动方式："运行"→msconfig，运行"启动"选项。

（a）停止一些服务

（b）系统服务

系统运行状态服务优化

很多服务是个人用户所用不到的，开启只会浪费内存和资源，而且还影响启动速度和运行速度。因此关掉大部分没用的服务和相应的进程以后，系统的资源占用率有了大幅度的下降，系统运行当然也就更加顺畅了。方法如下：

方法1："运行"→msconfig，运行"服务"选项，如图（a）所示。

方法2：选择"我的电脑"，单击右键，在弹出的快捷菜单中选择"管理"，在"管理工具"窗口中选择"服务"选项，或者"开始"→"运行"→services.msc。

进入后根据实际情况来开启和关闭相应的服务，如图（b）所示。

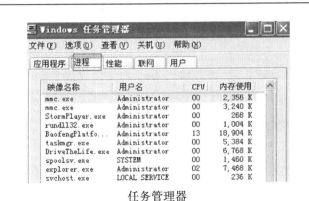

任务管理器

系统进程优化

打开"任务管理器"取消一些没有用的进程,按住"Ctrl + Alt + Del"组合键进入"任务管理器"窗口。

临时文件夹

删除临时文件

打开"C:\Documents and Settings\用户名\LocalSettings\Temp"这个目录下(默认为隐藏目录)存储的是软件安装或运行时留下的临时文件夹和废弃的文档,可以清空该目录。

（2）优化系统硬件

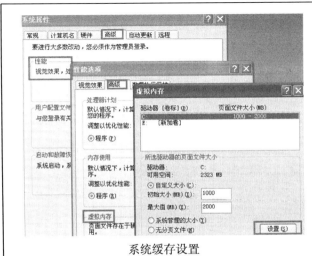

系统缓存设置

系统缓存设置

CPU 缓存(Cache Memory)位于 CPU 与内存之间的临时存储器,它的容量比内存小但交换速度快。当 CPU 调用大量数据时,就可避开内存直接从缓存中调用,从而加快读取速度。

选择"我的电脑",单击右键,在弹出的快捷菜单中选择"属性",在"系统属性"窗口中选择"高级"选项卡中的"性能设置"→"性能选项"窗口中的"高级"选项卡"虚拟内存设置"→"虚拟内存"。

141

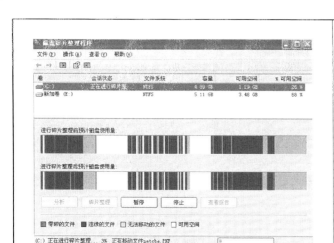

磁盘碎片整理

硬盘优化

在系统使用过程中,难免会由于人为或特殊原因造成计算机非正常关机或重新启动,久而久之,会在磁盘中产生大量的磁盘碎片,这将直接影响系统的整体性能。因此,要对磁盘碎片进行整理。

在进行磁盘碎片整理之前,首先要关闭其他应用程序。单击"开始"→"程序"→"附件"→"系统工具"→"磁盘碎片整理程序"→"磁盘碎片整理程序"对话框。可对磁盘先分析,再整理。

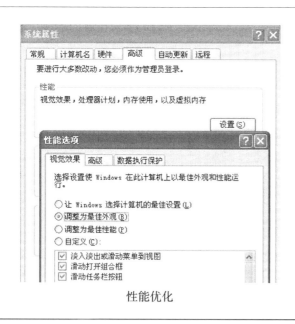

性能优化

内存优化

内存优化主要体现在减少内存的容量上,因为如果内存的消耗很大,将直接导致计算机的运行速度降低。优化视觉效果,用户可以去掉一些不需要的功能,减少内存消耗。

选择"我的电脑"单击右键选择"属性"→"系统属性"窗口中选择"高级"选项中的"性能设置"→"性能选项"窗口,进行设置。

活动2 使用360安全卫士优化自己的计算机

360安全卫士是目前非常流行的系统优化软件之一,它可以应用在所有的Windows系统中,能够为系统提供全面有效的优化服务。如图5-3所示是360安全卫士的主操作界面。当启动该软件后,它首先会对计算机系统进行总体检测,并将检测到的系统信息显示在系统信息窗口中。

360安全卫士拥有查杀木马、清理恶评插件、保护隐私、免费杀毒、修复系统漏洞和管理应用软件等功能。

图 5-3 360 安全卫士界面

任务三 备份与还原操作系统

【任务描述】

在计算机日常使用过程中,操作系统及用户使用的数据在遇到突发事件的情况下,可能会出现数据破坏或丢失,采取何种措施可以在遇到上述情况下使得数据能得以还原、修复呢? 例如:遇到中了计算机病毒,导致数据资料的丢失,如何快速地恢复? 当系统崩溃无法正常使用时,如何快速地修复、还原? 在使用计算机时,必须定期备份系统及用户数据,有备无患。通过本任务的学习,你将:

◆ 使用 Windows 自带工具进行备份与还原系统;

◆ 能使用 Ghost 备份与还原系统。

【相关知识】

143

一、Windows 操作系统自带的备份还原

"系统还原"是 Windows 操作系统中自带的一个系统备份还原工具。它根据还原点将系

统恢复到早期的某个状态。

　　Windows XP 系统中的还原点有：系统检查还原点、安装还原点和手动创建还原点 3 种类型。系统检查还原点、安装还原点是系统根据多种规则、时机，自动计算计算机的空闲时间来建立的还原点。

　　初次安装部署好 Windows 7 系统后，可以为该系统创建一个系统还原点，以便将 Windows 7 系统当前的运行状态保存下来。

二、了解 Ghost 软件备份与还原

　　Ghost 是一款专业的系统备份软件，使用它可以将整个磁盘分区或整个硬盘上的内容完全镜像复制到另外的磁盘分区和硬盘上。

　　用 Ghost 软件恢复系统时，请勿中途终止。如果恢复过程中企图重新启动计算机，那么计算机将无法启动。同样 Ghost 备份系统时也不能中途终止，如果终止了，目标盘将出现大量的文件碎片。

　　Ghost 在使用过程中涉及的英文含义如表 5-2 所示。

表 5-2　Ghost 中涉及的英文含义

英　文	含　义	英　文	含　义
partition	分区	local-partition-to image	备份分区到镜像文件
local	本地	disk-to image	备份硬盘到镜像文件
check	检查硬盘	disk-to disk	硬盘对刻
disk	磁盘	from image	是用来将 *.gho 文件还原的
no	不压缩	high	速度慢，压缩比例大
option	选项	fast	压缩比例小，速度快

任务实施

活动 1　利用 Windows XP 自带工具对系统备份与还原

　　下面介绍手动创建还原点和恢复的方法，具体步骤如下：

创建还原点

还原点创建完毕

选择还原点

第 1 步:单击"开始"→"程序"→"附件"→"系统工具"→"系统还原"命令,打开"系统还原"对话框,选中"创建一个还原点"单选按钮。

第 2 步:单击"下一步"按钮,在弹出的对话框中输入描述内容,单击"创建"按钮,即可完成还原点的创建,然后单击"关闭"按钮即可。

第 3 步:创建系统还原点之后,一旦系统出现故障,就可以通过系统还原点功能恢复系统。

单击"开始"→"程序"→"附件"→"系统工具"→"系统还原"命令,打开"系统还原"对话框,选中"恢复我的电脑到一个较早的时间"单选按钮。单击"下一步"按钮,在"选择一个还原点"窗口的"日历"中选择一个日期,在右边的列表中根据描述选择一个还原点,然后单击"下一步"按钮。

活动2 使用 Windows 7"系统还原"功能

可以利用 Windows 7 系统自带的还原功能对系统进行系统备份和还原。下面介绍简单的操作步骤。

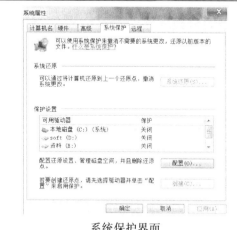 系统保护界面	第1步:单击"开始"菜单按钮,在弹出的"开始菜单"中选择"计算机"选项,从弹出的快捷菜单中选择"属性"命令。在弹出的"系统属性设置"窗口中,单击左侧的"系统保护"链接,打开"系统属性"对话框,选择"系统保护"选项卡。
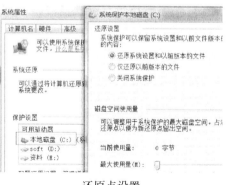 还原点设置	第2步:在"保护设置"区域中,选中 Windows 7 系统所在的磁盘分区选项,然后单击"配置"按钮,打开"还原设置"对话框。由于在这里只想对 Windows 7 系统的安装分区进行还原操作,为此在这里必须选中"还原系统设置和以前版本的文件"单选按钮,然后单击"确定"按钮返回到"系统属性"对话框。
 还原点创建	第3步:单击"创建"按钮,在弹出的对话框中输入识别还原点的描述信息,然后单击"创建"按钮。系统将开始创建还原点,还原点创建完成后,弹出提示已成功创建还原点的对话框,然后单击"关闭"按钮即可。

活动3 利用 Ghost 备份 Windows 系统盘

（1）安装一键 Ghost，系统重启自动备份

请你自己安装一键 Ghost，并备份系统 C 磁盘。如果实训里的计算机中有硬盘还原功能，可以在虚拟机里做实验。下面简要展示整个实施步骤。

 Ghost 安装窗口	**在系统中安装一键 Ghost** 运行一键 Ghost 程序，打开 Ghost 的安装界面。然后单击"下一步"按钮，同意安装协议开始安装。 在安装过程中，注意不要选择安装其他程序，如"百度工具栏""网站导航"，最后安装完毕，立即运行 Ghost。
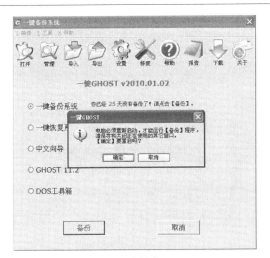 Ghost 运行窗口	**运行一键 Ghost** 运行一键 Ghost，打开 Ghost 窗口，选择"一键备份系统"选项，然后选择备份。
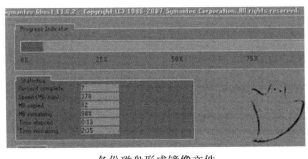 备份磁盘形成镜像文件	**系统备份** 单击"确定"按钮后计算机会自动重新启动，在开机时会有 4 s 选项无须操作计算机，将自动备份。

147

（2）开机手动运行 Ghost 备份系统盘

如果计算机安装有一键 Ghost，开机的时候选择"运行一键 Ghost"，可以进入 Ghost 界面。如果没有安装，可以从带有 Ghost 程序的启动盘启动计算机，运行 Ghost，进入 Ghost 界面。

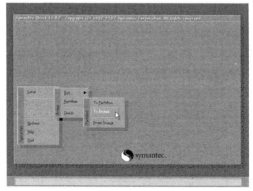使用 Ghost 进行分区备份操作	**第 1 步：运行 Ghost** 选择"开始"→Local→Partition→To image 命令，从系统的分区创建镜像文件。
选择硬盘	**第 2 步：选择需要备份的硬盘** 屏幕显示出硬盘选择画面，选择分区所在的硬盘"1"，如果只有一块硬盘，可以直接按"Enter"键。
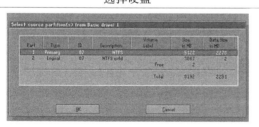选择备份分区	**第 3 步：选择磁盘中的备份分区** 这一步十分重要，选择系统所在的分区不能出差错，选中 Windows XP 所在的 C 分区，选中之后单击"OK"按钮继续。
镜像文件保存的位置	**第 4 步：选择镜像文件保存的位置** 建议镜像文件与 Ghost 程序保存在一起，以保存的时间命名，这样以便知道是在何时创建的这个系统备份，输入文件名后，单击"Save"按钮保存。

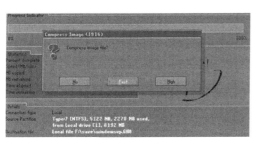 选择压缩方式	**第 5 步：选择压缩方式，完成备份** 　　如果选择不压缩方式则创建的文件比较大，选择高压缩方式创建的文件小，但创建的速度比较慢；一般选择 Fast。单击"Fast"按钮开始创建镜像文件。完成之后，退出 Ghost。

活动 4　利用 Ghost 恢复操作系统

　　如果系统出现问题，可以通过克隆将操作系统恢复到保存的状态，不但省去了安装操作系统所用的时间，还免去了各项硬件驱动程序的安装。

　　实施的操作步骤如下：

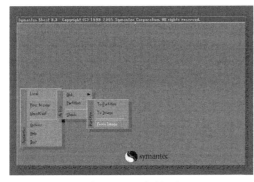 进入 Ghost 主界面	**第 1 步：运行 Ghost** 　　开机运行 Ghost，进入 Ghost 主界面。通过上、下、左、右方向键，选择 Local→Partition→From Image 选项，按"Enter"键确定。
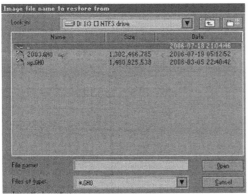 选择镜像文件对话框	**第 2 步：选择镜像文件** 　　进入"Image file name to restore from"对话框中，按"Tab"键和上、下方向键选择分区，例如"1:2"的意思就是第一块硬盘的第二个分区，也就是"D"盘，选好分区后，再按"Tab"键切换到文件选择区域，用上、下键选择文件夹，按"Enter"键进入相应文件夹并选好源文件，也就是 * . gho 的文件，并按"Enter"键。

149

 选择镜像文件来源	**第 3 步：镜像文件的来源** 　打开镜像文件后，会出现"Select source partition from image file"对话框，提示选择镜像文件的来源，也就是之前保存镜像系统的相关信息。用"Tab"键选择"OK"按钮后按"Enter"键。
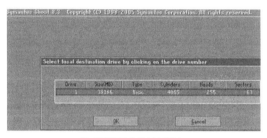 选择需要恢复的硬盘	**第 4 步：选择需要恢复的硬盘** 　在"Select local destination drive by clicking on the drive number"对话框中，选择要恢复的硬盘。如果只有一块硬盘，直接按"Enter"键。如果计算机有两块硬盘，恢复时一定要正确选择。
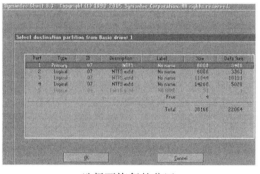 选择要恢复的分区	**第 5 步：选择要恢复的分区** 　在"Select destionation partition from Basic drive:1"对话框中，选择要恢复的分区，也就是 C 盘。此时可以看到有一个分区是红色的，说明要恢复的分区是不可选择的。重新选择分区，然后选择"OK"按钮，按"Enter"键进行下一步操作。
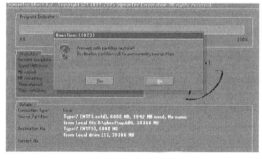 "Question"对话框	**第 6 步：镜像文件释放到硬盘** 　弹出对话框"Question"询问用户是否继续该项操作，如果选择"yes"按钮，按"Enter"键，Ghost 就开始将镜像文件释放到硬盘上。等进度条走完 100%，镜像就算恢复成功了，此时直接选择 Ghost 给出的选项"restart compter"即可重新启动计算机。

【项目小结】

通过本项目系统优化和注册表的学习,学生应熟练掌握手工优化和使用系统优化软件对系统进行优化。系统备份和还原是计算机维护的基本操作之一。熟练使用 Ghost 软件进行备份、还原系统解决实际问题,是计算机维护人员应具备的基本能力。

 【思考与练习】

1. 单项选择题

(1) Ghost 主菜单中,将整个分区备份保存于硬盘上,正确的选择是( )。

  A. Local→Disk→To Images   B. Local→Disk→From Images

  C. Local→Patition→To Images   D. Local→Patition→From Images

(2) Ghost 在压缩备份数据时,执行速度最快的方式是( )。

  A. No   B. Fast   C. High   D. 一样快

(3) 通过 Windows XP 导出的注册表文件的扩展名是( )。

  A. . sys   B. . reg   C. . txt   D. . bat

(4) 下列存储器中,速度最快的是( )。

  A. Cache   B. IDE 硬盘   C. SATA 硬盘   D. CD-ROM

2. 判断题(对的打"√",错误的打"×")

(1) 如果没有鼠标,将无法进行 Ghost 的操作。 ( )

(2) 在进行硬盘对拷时,不必正确选择源盘和目标盘,系统会自动判断。 ( )

(3) 在进行硬盘对拷时,如果目标盘还未分区,克隆将无法进行。 ( )

(4) Ghost 在进行系统恢复时,会自动修复目标盘上的物理性损伤。 ( )

3. 简答题

(1) 虚拟内存的作用是什么?

(2) 注册表由哪几个部分组成? 如何打开注册表编辑器?

(3) 为何要对计算机进行优化操作?

(4) Ghost 具有哪些功能?

(5) Ghost 在实际的安装工程与维护工作中起什么作用?

4. 案例分析

(1) 某单位购置了多台相同配置的计算机,在安装软件时,应用硬盘对拷的方法顺利地完成了任务。过了一段时间,计算机 A 正常运行,而计算机 B 出现了系统崩溃故障。技术员小王检查该批计算机后发现没有 C 盘分区备份,因此,将计算机 B 的硬盘安装到计算机 A 上,以计算机 A 的硬盘为源盘,对计算机 B 的硬盘直接对拷。结果计算机 B 很快恢复了正常工作,但客户非常不满意。这是为什么? 正确的维修方法是什么?

(2) 某计算机公司技术员小李工作非常认真,在给客户安装好新配的计算机后,及时将 C 盘用 Ghost 软件备份到硬盘 F 上。该计算机在使用半年后出现运行速度慢、经常死机等现象,小李在处理时确定是操作系统的原因(事实也是如此),并且很快用 Ghost 软件将 F 盘上的镜像文件还原到 C 盘。计算机也立刻恢复了正常运行,但是客户发现"我的文档"及"桌面"上建立的所有文件没有了,为此显得很生气。请问:

①小李的维修过程是否正确?如果存在错误,请指出。

②该用户保存文件的方法是否妥当?如有不妥,请指出。

硬件维护与常见故障排除

计算机和所有电器一样,可能由于部件的老化或物理碰撞等原因造成故障。计算机故障各式各样,想要分别排除,首先需要对它们有深入的认识,弄清故障类型,并了解故障产生的各种原因,最后找到解决的方法。

完成本项目的学习后,你将:

◆ 理解计算机硬件故障检测的一般原则和方法;

◆ 会判断计算机硬件故障的故障点及产生的原因;

◆ 会排除典型的主机硬件故障。

任务一 维护计算机硬件

【任务描述】

为了保障计算机能正常、稳定地工作,减少故障,延迟使用的寿命,除了确保计算机有一个良好的工作环境外,还要做好计算机硬件的维护工作。通过本任务的学习,你将:

◆ 了解计算机的使用环境及注意事项;
◆ 能维护计算机的各个部件。

【相关知识】

一、计算机使用环境及注意事项

1. 计算机使用环境

一般情况下,计算机工作时间较长,因此,计算机对工作环境要求较高,有以下几点:

● 温度条件:一般为 10 ~ 35 ℃,太高或太低都会影响计算机的正常工作或配件的寿命,主机应放在散热效果好的地方,不要堵塞风扇出风口。

● 湿度条件:相对湿度应为 30% ~ 80%。

● 注意防尘:空气中灰尘的含量也对计算机的工作有影响。

● 电源要求:交流电的正常范围应该是 220 V + / − 10%,频率应是 50 Hz + / − 5%,具有良好的接地系统,建议使用 UPS 不间断电源。

● 防静电:防止静电对配件的损坏。

● 防震动、防噪声:震动与噪声容易造成硬盘数据丢失。

2. 计算机使用注意事项

● 计算机应放置于整洁的房间内。灰尘几乎会对计算机的所有配件造成不良影响,从而缩短其使用寿命或影响其性能。

● 计算机应摆放在宽敞的空间内,周围要保留散热空间。

● 计算机工作时不要搬动主机箱或使其受到冲击震动,对于硬盘来讲这是非常危险的动作。

● 硬盘读盘时不可以突然关机或断电。如果电压不稳或经常停电,建议购买 UPS 来应对。

● 不要对各种配件或接口在开机的状态下插拔,否则,可能会造成烧毁相关芯片或电路板的严重后果。

● 应定期对电源、光驱、软驱、机箱内部、显示器、键盘、鼠标等进行除尘。

● 不要频繁地开关机,且开关机每次应间隔片刻时间。

● 机箱内不可以混入螺丝钉等导电体,极容易造成机箱内的板卡短路,产生严重后果。

● 不要连续长时间地使用光驱,如听歌、看影碟等。可以将歌碟、影碟等拷到硬盘上播放。

二、计算机硬件维护注意事项

计算机在使用过程中可能会出现问题,在处理这些问题之前,应该注意以下几点:

● 按国家"三包"规定,"三包"期内的计算机,由商家或厂家提供售后服务。有些原装计算机和品牌计算机不允许用户自己打开机箱。如擅自打开机箱可能会丢失一些厂商提供的保修权利,请用户特别注意。

● 对计算机硬件维护需要拆卸部件时,必先断电操作,决不能带电插拔。拆卸下来的各类数据线、电源线、连接线等要记录原来的位置,相连接的设备种类,线缆方向、极性等,以便正确还原。

● 用螺丝钉固定各个部件时,应首先对准部件的位置,然后再拧紧螺丝钉。尤其是主板,安装位置如略有偏差或安装不平整就可能导致内存条、适配器接触不良,甚至造成短路。

● 用户在维护计算机时,要释放人体所带静电,并按产品说明书进行规范操作。工作台桌面最好使用防静电台面,操作时防止静电损毁计算机。

【做一做】

(1)有人认为使用计算机的次数少或使用的时间短,就能延长计算机寿命,这种说法正确吗? 为什么?

(2)在计算机开机的过程中,因为都是加电启动,先后启动哪个设备都没关系,这种说法对吗? 为什么?

(3)为了能让计算机长期地正常工作,防止灰尘,经常用小毛刷刷主板或用电风扇吹主板的灰尘,这种方法好吗?

任务实施

155

活动1 维护计算机主机

用户除了正确使用计算机外,日常维护和保养也是十分重要的。维修统计表明,计算机多数故障是由于缺乏日常维护或者维护方法不当造成的。

在维护计算机前,先断开电源,消除身上的静电,注意操作安全。

(1)主板维护

计算机主板的日常维护主要是防尘和防潮,CPU、内存条、显示卡等重要部件都是插在主机板上,如果灰尘过多,就有可能使主板与各部件之间接触不良,产生未知的故障;如果环境太潮湿,主板容易变形而产生接触不良等故障,影响计算机的正常使用。另外,在组装计算机时,固定主板的螺丝不要拧得太紧,各个螺丝都应该用同样的力度,如果拧得太紧容易使主板变形。

• 除尘:拔下所有插卡、内存及电源插头,轻轻扫除主板表面灰尘即可。如果积尘严重,有必要拆除固定主板的螺丝,取下主板,用羊毛刷轻轻刷去各部分的积尘。

对于主板上的各种接口和插槽的灰尘,建议不要用毛刷刷除,以防毛刷掉毛,可使用吹气球或吸尘器去除灰尘。如果插槽内的引脚氧化,可用较硬的白纸对折后,插入槽内来回擦拭。一定注意不要用力过大或动作过猛,以免碰掉主板表面的贴片元件或造成元件的松动以致虚焊。

• 翻新:其作用同除尘,比除尘的效果要好,一般不建议使用。取下主板,拔下所有的插卡后,把主板浸入纯净水中,再用毛刷轻轻刷洗。待干净后,放在阴凉处至表面没有水分后,再用报纸包好放在阳光下暴晒至全干。一定要完全干燥,否则会在以后的使用中造成主板积尘腐蚀损坏。

(2)CPU 及 CPU 风扇维护

作为计算机的一个发热比较大的部件,CPU 的散热问题也是不容忽视的。如果 CPU 不能很好地散热,就有可能引起系统运行不正常、计算机无故重新启动、死机等故障。另外,清洁 CPU 以后,安装时一定要安装到位,以免引起计算机不能正常启动。

对使用时间不长的计算机,CPU 风扇一般不必取下,用小毛刷轻轻扫除所附着的积尘即可。如果积尘过多,有必要取下 CPU 风扇才能扫除积尘。

清扫 CPU 风扇时,注意不要弄脏了 CPU 和散热片结合面间的导热硅胶,清洁使用日久的 CPU 风扇时,还可以清洗风扇轴承并加润滑油。

(3)内存和各种适配卡维护

内存和各种适配卡的除尘方法与主板相同,一般用小毛刷即可。

显卡的风扇除尘方法同 CPU 风扇除尘方法一样。

清洁内存条和适配器金手指,可用橡皮擦擦除金手指表面的污垢或氧化层,切不可用砂纸等工具擦拭金手指,否则会损伤极薄的镀层。

(4)主机电源维护

清除主机电源的积尘,可能需要打开电源盒盖。对于电源内的散热风扇,可用软毛刷从前后两方刷去扇页上的积尘。

(5)硬盘和光驱维护

硬盘和光驱的维护除了清洁表面的灰尘,最主要的是平时使用过程中要有正确的使用方法,比如硬盘轻拿轻放;硬盘正在读、写时不能断电;不要自行打开硬盘;做好硬盘的防震措施等。

对光驱的维护和硬盘差不多,需要注意的是随时准备一张清洁光头的清洁盘,定时清洗光驱光头。

（6）连接线紧固

主机内有诸多连接电缆线，长期使用后，因积尘容易产生接触不良，甚至松脱的故障，造成主机不能正常工作，因此有必要对连接线进行检查，逐一对其进行除尘、清洁、重新插拔并紧固。

活动2　维护计算机常用外部设备

计算机常用的外部设备就是指计算机的输入输出设备，也就是我们常说的除机箱以外的设备，如显示器、键盘、鼠标、打印机等设备。

维护外部设备和维护主机一样，要注意释放身上的静电和断开一切外接电源，注意职场安全。

（1）显示器的维护

清洁显示器外壳，可用略湿的棉布擦拭。污垢严重的外壳，可用干棉布沾上计算机的专用的清洁膏擦拭。机壳散热缝隙的积尘，可用毛刷细心刷出。

显示器在工作中要注意：不要频繁开关显示器；做好防尘和散热工作；注意防潮、防磁场干扰、防强光等。

（2）键盘、鼠标的维护

键盘的清洁要在断电的情况下，反扣在桌子上轻拍键盘背面，可以抖掉一些小的积尘，也可以用略湿的棉布擦拭键盘。如果键盘比较脏，可以把全部键盘子取下，在水里认真清洗，晾干后再逐一还原。鼠标的清洁较简单，用干湿布擦拭污垢的地方即可。

鼠标、键盘在使用过程中需要注意：保持清洁；按键要注意力度，以免损坏弹性开关；不要带电拔插（USB可以）；避免摔碰和强拉鼠标线。

任务二　了解常用计算机故障监测方法

【任务描述】

计算机会因为各种原因产生很多故障，如死机、重启、黑屏等。实际上，许多故障很容易解决，只要细心观察，认真总结，就可以掌握常见计算机故障的规律和故障处理方法。通过本任务的学习，你将：

◆了解计算机故障分类以及故障产生的原因；

◆掌握计算机故障诊断的常用方法；

◆会判断常见的硬件故障。

【相关知识】

一、计算机故障的分类

计算机故障的种类很多,有的故障无法进行严格的分类。通常情况下,根据故障产生的原因可将其分为硬件故障和软件故障两种。

1. 硬件故障

硬件故障是由于硬件的电子元件故障或设置错误而引起计算机不能正常运行的故障。主要有以下几种表现形式:

- 显示屏幕出现花屏:此类故障多是显卡发生故障而造成的。
- 显示器显示不正常:此类故障多是显示器受潮、磁化或者电路故障引起的。
- 启动按钮没有反应:此类故障多是启动开关损坏或者电源故障。
- 计算机经常死机:此类故障多是 CPU 故障或散热风扇故障。
- 启动过程中,机箱内报警声:此类故障多数是内存故障或接触不良。
- 启动过程中,屏幕提示找不到硬盘:此类故障多数 IDE 插座接触不良或者硬盘损坏。
- 键盘按钮接触不良:此类故障多是键盘接触不良。

2. 软件故障

软件故障是由操作系统和应用程序引起的故障,解决这类故障不用对硬件设备进行操作,主要有以下几种表现形式:

- 软件不兼容:有些软件在运行时与其他软件发生冲突,相互不能兼容。如果这两个软件同时运行,可能会中止系统的运行,严重的将会使系统崩溃。
- 非法操作:非法操作是由用户操作不当而造成的,如卸载软件时不使用卸载程序,而直接将程序所在的文件夹删除,这样会给系统留下故障隐患。
- 误操作:误操作是指用户在使用计算机时,无意中删除了系统文件或执行了格式化命令。这样会导致硬盘中重要的数据丢失,甚至不能启动计算机。
- 病毒的破坏:有的计算机病毒会感染硬盘中的文件,使某程序不能正常运行,甚至造成系统不能正常启动。

二、计算机故障检测的原则

在对计算机进行故障处理之前,应充分做好准备工作,包括了解故障检测的基本原则和注意事项,基本原则是:先软后硬、先外后内、先电源后负载、先简单后复杂。

- 先软后硬:即当微型计算机出现故障时,应当首先排除软件故障,再从硬件配件上分析原因。当软件环境正常时,故障还不能消失,再从硬件方面着手检查。
- 先外后内:即首先要检查外设是否正常工作,然后检查微型计算机本身相关的接口或板卡,这样由外向内逐步缩小故障范围,直到找到故障点。

- 先电源后负载:即首先检查电源是否工作正常,然后再检查设备本身。
- 先简单后复杂:先检查容易的故障,从最简单的事做起,再解决难度较大的问题。

三、了解常用计算机的故障监测方法

监测及判断计算机故障的方法很多,常用方法如下:

(1)观察法(看、听、闻、摸)

观察,是维修判断过程中的第一要法,它贯穿于整个维修过程中。观察不仅要认真,而且要全面。要观察的内容包括:

- "看"周围的环境。即观察系统板卡的插头、插座是否歪斜;电阻、电容引脚是否相接触,表面是否烧焦,芯片表面是否开裂;主板上的铜箔是否烧断。还可查看是否有异物掉进主板的元器件之间;看看主板上是否有烧焦变色的地方,印刷电路板上的走线(铜箔)是否断裂等。

- "听"即听电源风扇、软/硬盘电机或寻道机构等设备的工作声音是否正常。另外,系统发生短路时常常伴随着异常声响,监听时可以及时发现一些事故隐患和帮助在事故发生时及时采取措施。

- "闻"即判断板卡中是否有烧焦的气味,便于发现故障和确定短路所在位置。

- "摸"即用手按压管座的活动芯片,看芯片是否松动或接触不良。另外,在系统运行时用手触摸或靠近CPU、显示器、硬盘等设备的外壳,根据其温度可以判断设备运行是否正常;用手触摸一些芯片的表面,如果发烫,则为该芯片损坏。

(2)最小系统法

最小系统是指从维修判断的角度能使计算机开机或运行的最基本的硬件环境。硬件最小系统由电源、主板和CPU组成。在这个系统中,没有任何信号线的连接,只有电源到主板的电源连接。

最小系统法主要是要先判断在最基本的硬件环境中,系统是否能正常工作。如果不能正常工作,即可判定最基本的硬件部件有故障,从而起到故障隔离的作用。

最小系统法与逐步添加法相结合,能快速地定位发生在其他零部件的故障,提高维修效率。

(3)逐步添加法

逐步添加法是以最小系统为基础,每次只向系统添加一个部件/设备或软件,来检查故障现象是否消失或发生变化,以此来判断并定位故障部位。

(4)替换法

替换法是使用好的部件去代替可能有故障的部件,以判断故障现象是否消失的一种维修方法。好的部件可以是同型号的,也可能是不同型号的。替换的顺序一般为:

- 根据故障的现象或故障类别,考虑需要进行替换的部件或设备。
- 按先简单后复杂的顺序进行替换。如:先内存、CPU,后主板,又如要判断打印故障时,可先考虑打印驱动程序是否有问题,再考虑打印电缆是否有故障,最后考虑打印机或并口是否有故障等。

● 最先考察与怀疑有故障的部件相连接的连接线、信号线等,之后是替换怀疑有故障的部件,再后是替换供电部件,最后是与之相关的其他部件。

● 从部件的故障率高低来考虑最先替换的部件。故障率高的部件先进行替换。

【做一做】

(1)计算机维修的基本原则是什么?

(2)判断计算机故障的常用方法有哪些?

任务实施

活动　诊断计算机硬件故障

准备好硬件及软件和正常工作的计算机,自行拆除内存、拔松硬盘线或人为设置其他故障,观察计算机的故障现象,了解计算机故障监测的方法,学会一种基本监测技能,填写如表6.1所示"故障维修记录表"。

表6.1　故障维修记录表

1	故障一现象		
	可能原因		
	故障监测	监测方法	判断依据
2	故障二现象		
	可能原因		
	故障监测	监测方法	判断依据

● 拆除内存条或者内存条安装不到位来模拟内存故障,启动计算机,观察并记录故障现象。

● 分析故障原因,以硬件最小系统法或观察法找出故障,并加以修复。

● 计算机正常运行后,关机;松动(或者拆除)硬盘电源连接线(或数据线)。

● 启动计算机,观察并记录故障现象。

● 分析故障原因,利用BIOS信息初步判断故障位置。

任务三　诊断并处理常见的硬件故障

【任务描述】

　　计算机的主板、CPU、内存、硬盘、显卡、BIOS 设置、电源等发生故障,同学们能否根据故障现象,检查判断,找出故障点并进行处理? 通过本任务的学习,你将:

　　◆了解 CPU、主板、内存及硬盘故障的现象及原因;

　　◆掌握利用开机自检信息诊断常见的故障;

　　◆通过维修案例,提高故障诊断及处理能力。

【相关知识】

一、诊断硬件故障的步骤

1. 了解故障现象

　　出现硬件故障的计算机,只要不是开机或死机,总会出现各种各样的现象(其实开机或死机也是一故障现象)。要冷静、仔细地观察故障现象,不要放过任何细节。

2. 判断故障的原因,找出故障点

　　根据故障现象,运用相关知识,采用各种合适的检查方式,在最短的时间内正确判断故障的原因。只有正确判断出故障的原因,才能尽快地缩小故障寻找的范围,找到故障点。

3. 确定故障排除的方法,实施故障排除

　　故障点找到之后,就可以对症下药,确定故障排除的方法。对于一些软件故障,只需要做一些简单的排除,而对于硬件的损坏,一般只能更换。

二、常见硬件故障及解决方案

　　常见硬件故障的分类及表现形式如下:

1. 主机加电类故障

　　主机加电类故障是指从上电到自检这段时间的不正常现象。

　　•故障表现形式:主机不能加电(风扇不转、转一下就停);开机无显示,开机报警;自检

报错或死机;无法进入 BIOS,CMOS 掉电。

●故障原因:市电环境或电源故障;主板、CPU、内存、显示卡、其他卡安装问题;BIOS 的设置问题;开关及复位按钮。

●故障处理:看、听、摸、闻,检查设备有无变形、温度是否过高、是否有异味等。

检查供电情况:接地是否良好、电压是否稳定、连接是否牢固、接线是否正确。

检查机箱内部:电源是否正常、开关是否正常、有无接触不良的现象、连接线有无断裂。

检查各部件的安装:部件的安装部位有无异物、有无短路、安装是否过松、插座有无过紧现象、内存是否在第一插槽。

检查上电后的现象:电源风扇是否过大、各指示灯是否为正常闪亮、噪声是否过大、上电后是否自检、是否有显示。

2. 常见 CPU 的故障与排除

CPU 是计算机的核心部件,除了超频会烧毁 CPU 之外,在实际的使用过程中,CPU 自然损坏的情况很少发生。

●故障表现形式:计算机频繁死机、重启。

●故障产生原因:CPU 风扇转速过低或 CPU 与插座接触不良;BIOS 中有关 CPU 高温报警设置错误等原因所致;超频过度造成的无法开机。

●故障处理:将计算机平放在地上后,打开机箱,观察 CPU 散热器的扇叶是否旋转,或者转速较慢。也可以将 BIOS 恢复默认设置,关闭上述保护功能,如果计算机不再重启,就可以确认故障源了。如果超频不能开机,可以打开机箱,给"CMOS 放电"。如果 CPU 风扇正常,只能用"替换法"排除 CPU 是否有问题。

3. 常见内存的故障与排除

内存故障是计算机故障中最常见的一种,故障表现各异,使用替换法很容易检查排除。

故障表现形式:开机无法正常启动,开机后出现长时间的短声鸣叫,或是打开主机电源后计算机可以启动,但无法正常进入操作系统,屏幕出现"Error Unabe to Control A20 Line"的错误信息后并死机。

故障产生原因:出现上面故障一般是由于内存在主板的插槽接触不良引起。

故障处理:处理方法是打开机箱后,拔出内存,用无水酒精和干净的橡皮擦擦拭内存的金手指和内存插槽,并检查内存插槽是否有损坏的迹象,擦拭检查结束后将内存条重新插入,通常情况下问题都可以解决。如果还是无法启动,则将内存拔出,插入另一条内存插槽中进行测试,如果此时问题仍在,则说明内存已经损坏,需要更换新的内存。

4. 常见显卡故障与排除

●故障表现形式:开机无显示,会发出报警声;屏幕出现异常或图案;颜色显示不正常。

●故障产生原因:开机无显示此类故障一般是因为显卡与主板接触不良或主板插槽有问题造成,对于一些集成显卡的主板,如果显存共用主内存,则需要注意内存条的位置,一般在第一个内存条插槽上应插有内存;颜色显示不正常可能是显卡驱动程序问题;颜色显示不正常可能是显示卡与显示器信号线接触不良,显示器自身故障,显卡损坏或者显示器被磁化等原因。

　　●故障处理:处理方法是打开机箱后,拔出显卡,用干净的橡皮擦来擦拭金手指和显卡插槽,并检查显卡插槽是否有损坏的迹象,擦拭检查结束后将显卡重新插入,通常情况下问题都可以解决,如果不能解决问题,可以更换新的显卡。

5.常见硬盘的故障与排除

　　随着硬盘的容量越来越大,传输速率越来越高,硬盘发生故障的概率便会提高。而且硬盘的损坏不像其他部件那样具有替换性,因为硬盘上一般都存储着重要的数据,一旦发生严重的、不可修复的故障,损失无法估计。

　　故障表现形式及处理方法如下:

　　No partition bootable(没有分区表):硬盘未分区或分区表信息丢失(可能是病毒引起的),可以先杀毒,然后重新分区。

　　Disk boot failure(硬盘引导失败):产生的原因很多,可用替换法,将硬盘重新插拔数据线和电源线后,再试。

　　Non-system disk or disk(非系统盘或者磁盘错误):使用系统盘引导,可以取出非系统光盘或者软盘,用硬盘引导或插入系统盘。

　　Missing operation system(找不到引导系统):硬盘未格式化或未安装操作系统。

　　硬盘既无法启动,又没有任何错误信息:遇到这种情况判断故障比较困难。一般用 DOS 系统盘启动,在 DOS 提示符后输入"C:",将当前盘转到 C 盘,此时假如出现"Invalid drive specification"错误信息,说明是硬盘的 MBR(主引导记录)故障;输入 DIR 命令后出现"Invalid media type reading drive C:"错误信息则说明是硬盘的 DBR(DOS 引导记录)故障;输入 DIR 命令可以正确显示文件名称、大小、日期等信息,表示文件正常,请立即将硬盘中的文件进行转移,然后重新分区、格式化。

　　BIOS 检测不到硬盘:可能是硬盘未正确安装或 IDE 接口发生物理损坏,可以用替换法测试。

 【做一做】

　　(1)计算机开机后无法进入 Windows,屏幕提示"Disk I/O error,replace the disk and then press any key",按任意键后还是出现此提示信息,请分析是什么原因?

　　(2)出现黑屏现象并伴随报警声音,肯定是内存故障吗? 为什么?

　　(3)当计算机存在致命性故障时,开机后肯定产生黑屏现象吗? 为什么?

任务实施

活动 1　分析下列硬件故障现象并提出解决办法

故障现象 1

一台使用了近一年的计算机在启动后,电源指示灯亮,CPU 风扇也转动起来,光驱指示灯闪了几下。几秒钟之后,显示器仍处于待机状态,没有图像,主机没有发出"嘀"的正常开机声,也没有连续的"嘀嘀嘀"声。

【诊断方案】

既然主机并没有发出"嘀嘀嘀"的报警声,因此可以大致判断该主机的内存没有问题。由于显示器没有显示,因此怀疑问题出在显卡上,通过"替换法"检验后,可以判断是否是显卡问题,如果显卡并没有问题,可用最小系统法查出是否是 CPU 出了故障。还可以拆卸 CPU,用观察法判断 CPU 风扇散热情况,查看 CPU 是否发烫及 CPU 插座的卡槽有无问题。

【维修方案】

如果显卡有问题,可以考虑更换显卡。

如果是 CPU 散热问题,可以考虑清洁风扇或更换风扇。

如果是 CPU 问题,就考虑换 CPU。

如果是 CPU 插座问题,维修起来比较麻烦,在没有条件的情况下,可以更换 CPU 散热片的弹簧片,同时可以利用多根橡皮筋将 CPU 风扇固定好,这样可以减轻风扇震动对 CPU 的影响。

故障现象 2

有时刚启动计算机,就能听到机箱内有"嗒嗒"的碰撞声,稍微摇晃机箱,声音就消失了,但过一会儿又会出现。

【诊断方案】

出现这种情况可能是由于机箱内杂乱密布的数据线和电源线碰到了风扇的扇页,导致风扇在转动时发出了异常声响。打开机箱,仔细观察,看看是否有这种情况。

【维修方案】

对于这种情况,可以用橡皮筋或胶布将机箱内散乱的数据线、电源线捆扎好,让它们避开 CPU 散热风扇及机箱内的其他风扇。

故障现象 3

启动计算机后无显示,并且主机喇叭出现长时间蜂鸣(针对 Award BIOS 而言)。

【诊断方案】

出现此类故障一般是由于内存条与主板内存条插槽接触不良造成的。

【维修方案】

方法 1:将内存条拔下,然后重新正确插入该插槽中。

方法 2:将内存条拔下来后,换一根内存条插槽测试。

方法 3:用橡皮擦来回擦拭内存条的金手指,直到其光亮为止,然后重新插入内存条槽中。

方法4：用毛笔刷将内存条插槽中的灰尘清理掉,然后用一张比较硬且干净的白纸折叠后插入内存条插槽中来回移动,通过该方法将内存条插槽中的金属物擦拭干净,然后重新插入内存条。

故障现象4

声卡不能发出任何声音。

【诊断方案】

先查看系统中的小喇叭,打开音量控制属性,调高"音量"和"波形",再把音箱的音量调大。

如果没有小喇叭,则看看"设备管理器",里面关于声卡的驱动是否安装成功了。很多初学者的计算机之所以不能发声,往往是因为没有安装声卡驱动而导致的。

如果声卡也安装好了的,打开"控制面板",找到"声音和音频设备",后选择"高级",进行设置。

如果还是没有声音,则你用耳机插到音箱位置,看看有没有声音。如果有,则说明计算机没有问题,音箱有问题。

如果还是没声音,则看本机是不是集成声卡,如果非集成,则把声卡取下来,换到另一台计算机上试验,如果没声音,则说明声卡有问题,需要厂家修理。

【维修方案】

如果是声卡驱动问题,则重新安装声卡驱动。

如果驱动程序也安装好了的,就看声卡设置是否有问题。

声卡坏了,需要进行厂家换或者重新买一个更换。

活动2　诊断并维修开机黑屏故障

在实施此任务时,需要教师设置故障机,并从多种情况考虑。故障特征:开机启动黑屏无显示;有自检报警声无法开机。

【现象分析】

计算机开机黑屏故障的原因主要有以下几点:

- 显示器信号线接触不良。
- 内存与主板兼容性不好。
- 内存接触不良或存在质量问题。
- 显卡与主板兼容性不好。
- 显卡接触不良或存在质量问题。
- CPU损坏或未安装好。
- Reset热启动键连接线有问题。
- 灰尘问题。
- 主板与机箱存在短路问题。
- 主板质量问题。

【故障诊断】

解决此类故障一般要综合应用最小系统法、交换法、拔插法等方法,一般解决步骤如下:

①首先检查计算机的外部接线是否接好,最好将有故障嫌疑的部分重新连接一遍。

②接着打开主机仔细观察机箱内有无多余金属物或主板机箱变形造成短路;机箱内有无烧焦的烟味,主板上有无烧毁的芯片。

③如故障仍未排除,再清理主板上的灰尘,然后开机测试。

④如果不行,再拔掉主板上的 Reset 线、其他开关以及指示灯线,然后再开机测试。因为有些质量不好的机箱 Reset 线在使用一段时间后,由于高温等原因会造成短路,使计算机一直处于热启状态而无法启动。

⑤还没有解决,就使用最小系统法,然后开机测试。如果能看到开机启动画面,说明问题在拔除连接线的设备中,逐一将这些设备接上主板,当接入某一个设备时,故障重现,说明故障是由此设备造成的。

⑥如果采用最小系统法也没有解决问题,则故障可能在内存、显卡、CPU、主板这几个设备中,这时就要使用拔插法、交换法等方法分别检查。

⑦如果排除了内存、显卡、CPU 的故障,那问题就集中在主板上。先仔细检查主板上有无芯片烧毁、CPU 周围的电容有无损坏、主板有无变形、有无与机箱直接接触等,再将 BIOS 放电,最后采用隔离法,将主板安置在机外,然后连接上内存、显卡、CPU 等测试。如果正常,再将主板安装到机箱内测试,直到找到故障原因。都不成功就只有送往生产厂家处维修或更换。

 【项目小结】

本项目主要介绍了计算机硬件系统的维护和维修知识,特别是对计算机硬件故障监测方法作了详细的说明,对常见的计算机硬件故障进行了分析。通过本项目的学习,要求学生能独立地处理常见的计算机硬件故障。

 【思考与练习】

1. 判断题(对的打"√",错误的打"×")

　　(1)计算机维修应遵循先硬件后软件的原则。　　　　　　　　　　　　(　　　)

　　(2)在接到故障机后,第一步工作是打开计算机机箱进行检查。　　　(　　　)

　　(3)计算机故障的产生与计算机的工作环境及用户操作习惯无关。　　(　　　)

　　(4)当计算机存在致命性故障时,开机后肯定产生黑屏现象。　　　　(　　　)

　　(5)出现黑屏现象并伴随报警声,肯定是内存故障。　　　　　　　　(　　　)

　　(6)BIOS 中监测不到硬盘时,可以断定硬盘存在物理性损伤。　　　(　　　)

2. 简答题

　　(1)计算机日常维护包括哪几个方面? 它们分别包括哪些具体内容?

（2）计算机维修的基本思路是什么？计算机故障维修的规则有哪些？

（3）判断计算机故障的常用方法有哪些？

（4）为什么说清洁工作也能达到维护计算机的目的？

3．案例分析

（1）计算机开机后无法进入 Windows，屏幕提示"Disk I/O error，replace the disk and then press any key"，按任意键后还是出现提示信息，请分析原因。

（2）开机后，显示器无图像，但计算机有读硬盘声，请分析故障原因。

（3）按下电源开关，硬盘灯闪烁一下即熄灭，而显示器为黑屏（显示器以及连线正确），风扇运行正常，请分析故障原因。

附录

附录1 计算机装配调试工技能考核要求

根据我国《劳动法》的规定,要在各行业中推行职业资格证书制度。从事计算机安装、调试和维修的技术人员、工人及相关的售后服务人员,都应取得等级证书才能上岗(就业)。微型计算机装调工职业技能鉴定,是针对从事计算机安装、调试和维修工作的技术人员、工人和从事该专业售后服务的技术人员而制订的职业技能标准,是信息产业部"电子行业特有工种"行业中的一种,在电子行业中是从业人员最多的一行。按照标准规定该专业分为初、中、高3个等级。

1.初级考核要求

附表1.1 计算机装配调试员(初级)考核要求

职业功能	工作内容	技能要求	相关知识
一、工作准备	(一)设备工具	1.能够识别微型计算机板、卡、存储器、驱动器、外设及其规格、型号 2.能按要求准备常用计算机装配调试工具	1.计算机板、卡知识 2.内、外存储器相关知识 3.计算机配件知识
一、工作准备	(二)环境准备	1.能够检测供电环境电压 2.能够预防静电	计算机系统运行环境的基本要求
二、装配调试	(一)硬件装配	1.能够装配微型计算机,完成板、卡和外部设备之间的连接 2.能够安装、更换常用消耗材料	1.计算机硬件的识别与连接知识 2.计算机耗材的选择和安装知识
二、装配调试	(二)基本调试	1.能够进行标准 BIOS 设置 2.能够使计算机正常启动	1.BIOS 基本参数设置知识 2.计算机自检知识
三、故障处理	(一)故障诊断	1.能够确认和查找基本故障 2.能够作出初步诊断结论	1.整机故障检查规范流程知识 2.主要部件检查方法知识
三、故障处理	(二)部件更换	1.能够根据故障现象更换相应板卡 2.能够选择替代产品	计算机板卡故障识别知识
四、客户服务	(一)售后说明	1.能够填写计算机配置清单 2.能够指导客户验收计算机	计算机验收程序知识
四、客户服务	(二)技术咨询	1.能够指导客户正确操作计算机 2.能够向客户提出合理建议	1.计算机安全使用知识 2.影响计算机器件寿命的因素

2.中级考核要求

附表1.2 计算机装配调试员(中级)考核要求

职业功能	工作内容	技能要求	相关知识
一、工作准备	(一)设备工具	1.能够设置计算机板、卡和外设的硬件开关 2.能够选择简单的维修工具和仪器	1.计算机板卡的设置知识 2.系统配置要求及相关外设的功能、使用方法和注意事项知识 3.计算机硬件组成知识
	(二)环境准备	1.能够检测供电环境稳定性 2.能够观测环境粉尘、振动因素	环境对计算机正常工作的影响(电磁、灰尘、振动、温度对计算机的影响)
二、装配调试	(一)BIOS设置	能够优化BIOS设置	BIOS优化设置方法
	(二)板卡级调试与系统软件调试	1.能够安装操作系统 2.能够安装设备驱动程序 3.能够用软件测试计算机部件 4.能够建立系统备份	1.微型计算机常用操作系统的基本命令 2.驱动程序在计算机中的作用 3.常用测试软件的功能及使用方法 4.计算机板卡调试知识
	(三)常用外部设备安装调试	1.能够安装各类打印机、扫描仪等外部设备 2.能够调试外部设备	1.外设的安装和设置方法 2.打印机的安装及调试知识 3.扫描仪、数码相机调试知识
	(四)病毒防治	能够用相关软件清除病毒和预防病毒	1.病毒判断方法 2.杀毒软件使用方法 3.软件防火墙的安装知识
三、故障处理	(一)故障诊断	能够确定计算机硬件板卡级故障定位	计算机软、硬件异常工作状态的判断知识
	(二)故障解决	能够完成计算机的板卡级调试工作,能够解决硬件资源冲突	1.更换板卡的方法(板级调试)和操作注意事项 2.系统、CPU、中断、内存、I/O地址、DMA BIOS等知识
四、客户服务	(一)售后说明	能够向客户说明故障原因及解决办法	计算机硬件系统故障的诊断知识
	(二)技术咨询	1.能够解答客户有关计算机使用中的问题 2.预防计算机病毒	病毒防护知识

3.高级考核要求

附表 1.3　计算机装配调试员(高级)考核要求

职业功能	工作内容	技能要求	相关知识
一、 装配调试	(一) 设备工具	1.能够按设计要求装配小型计算机(网络)系统 2.能够焊接光纤接头 3.能够制作网线并进行网络连接 4.能够安装与设置网络操作系统	1.计算(网络)中心计算机系统对环境要求的知识 2.网络硬件安装连接常识 3.计算机硬件的基本工作原理
	(二) 基本调试	1.能够使用注册表 2.能够优化操作系统平台	1.注册表的概念和注册表使用知识 2."系统工具"的使用和"控制面板"的设置知识 3."管理工具"的使用知识
	(三) 网络调试	1.能够配置 TCP/IP 2.能够安装配置 DHCP、DNS、FIP、WWW 服务器	1.局域网调试知识 2.广域网调试知识
二、 故障处理	(一) 故障诊断	1.能够判断基本的网络系统故障 2.能够提出调试方案	1.网络测试基本知识 2.网络调试工具使用知识
	(二) 系统维护	1.能够使用维修工具、仪器和专用检测设备检测计算机系统 2.能够调换网络设备	1.计算机硬件综合性能知识 2.调试计算机硬件必备工具的知识
三、 客户服务	(一) 售后说明	1.能够填写计算(网络)中心计算机系统配置清单 2.能够指导客户验收计算(网络)中心计算机系统	计算(网络)中心计算机系统验收知识
	(二) 技术咨询	1.能够指导客户正确使用计算机(网络)系统 2.能够向客户提出合理建议	计算(网络)中心计算机系统常见问题及解决方法
四、 工作指导	(一) 培训	1.能够进行计算机知识培训 2.能够对初级、中级装配调试员进行计算机装配调试的培训	1.教学组织知识 2.实验指导知识
	(二) 指导	1.能够对故障现象进行技术分析 2.能够对故障排除进行技术指导	1.计算机软硬件故障分类及常见故障分析知识 2.故障排除方法

4. 技师考核要求

附表1.4 计算机装配调试员(技师)考核要求

职业功能	工作内容	技能要求	相关知识
一、 装配调试	(一) 系统装配	1. 能够装配调试服务器、交换机、路由器等 2. 能够装配调试软件、硬件防火墙	1. 计算机(网络)系统设备基本知识 2. 光纤通信知识
	(二) 基本调试	1. 能够指导调试系统连接状况 2. 能够优化系统工作状态 3. 能够设置用户权限	1. 服务器配置知识 2. 网络操作系统知识
	(三) 系统调试	1. 能够组织计算机(网络)系统调试 2. 能够规划配置虚拟局域网	计算机局域网广域网路由器、交换机调试知识
二、 故障处理	(一) 故障诊断	1. 能够判断计算机(网络)系统产生故障的位置 2. 能够判断产生故障的原因 3. 能够提出芯片级维修方案	1. 模拟电路、数字电路知识 2. 单片机知识 3. 测试软件应用知识 4. 计算机系统故障判断与调试知识
	(二) 部件调试	能够完成计算机主机和外设芯片级的调试	1. 组合电路基础知识 2. 微机硬件综合性能知识
三、 客户服务	(一) 技术咨询	1. 能够帮客户制订计算(网络)系统采购方案 2. 能够指导客户选择计算机系统或网络系统设备	1. 计算机系统概念的相关知识 2. 计算机组网配置的相关知识
	(二) 售后服务	1. 能指导客户正确使用系统 2. 能够指导客户当系统出现问题时应采取的措施	系统工程装配调试的相关知识
四、 工作指导	(一) 培训	1. 能够对初级、中级、高级装配调试员进行微机组装与维护的培训 2. 能够编写教学大纲	1. 丰富的教学知识 2. 指导实际操作的知识
	(二) 指导	1. 能够指导中级以上人员进行故障现象技术分析 2. 能够指导中级以上人员进行故障排除	1. 计算机硬件与软件系统故障分析知识 2. 常用调试软件和调试工具的使用知识

5. 高技师考核要求

附表1.5   计算机装配调试员(高级技师)考核要求

职业功能	工作内容	技能要求	相关知识
一、装配调试	(一)系统安装	1.能够根据设计方案制订计算(网络)系统安装方案 2.能够组织系统安装,能够完善系统配置	网络综合布线基本知识
	(二)基本调试	1.能够组织和指导系统调试 2.能够优化系统状态,能够使用网络监视器监测网络状况	网络配置与性能关系知识
	(三)系统调试	能够指导系统性能调试和网络安全性管理	1.网络配置与网络施工 2.计算机网络安全知识
二、故障处理	(一)故障诊断	1.能够分析硬件逻辑图 2.能够快速判断和处理故障	1.计算机及网络系统的机房环境、电网电压、温度湿度等方面的要求及机房建设标准和管理技术要求的知识 2.组合逻辑电路知识 3.网络防病毒技术知识
	(二)设备调试	1.能够指导并参与系统设备的调试 2.能够选择元器件进行替换或替代	1.元器件替换或替代知识 2.专用维修工具与设备使用知识 3.外部设备的故障分析与调试知识
三、工作指导	(一)培训	1.能够进行计算(网络)系统装配与调试培训 2.能够编写教学大纲	1.计算机网络教学知识 2.指导网络实践的知识
	(二)指导	1.能够指导高级以上人员进行故障现象的技术分析 2.能够指导高级以上人员进行故障排除	1.计算机(网络)系统故障分类和现象知识 2.常见计算(网络)系统故障检测和排除方法
四、新技术应用	(一)新知识应用	能够应用本行业的新材料、新产品、新工艺、新技术解决问题	计算机领域的新材料、新产品、新工艺、新技术的应用知识
	(二)论文撰写	能够根据自己的工作书写相关技术工作总结(论文)	论文写作知识

附录2　计算机装配调试工职场安全

1. 安全操作注意事项

现代电子产品几乎都是采用开关电源,内部线路板(称为地板)有可能全部带电(220 V火线),有的则部分带电(主要是电源电路本身的地线带电)。为了保障修理人员的安全,修理中一定要做到以下几点,并养成良好的习惯。

(1)电修人员必须具备电路基础知识,严格遵守《电工安全操作规程》熟悉设备安装位置、特性、电气控制原理及操作方法,不允许在未查明故障及未有安全措施的情况下盲目试机。

(2)在现场维修时必须有两人以上,不允许单人操作。

(3)在使用仪表测试电路时,应先调好仪表相应挡位,确认无误后才能进行测试。

(4)维修设备时,必须首先通知操作人员,在停车后切断设备电源,把熔断器取下,挂上标示牌,方可进行检修工作。检修完毕应及时通知操作人员。

(5)电器或线路拆除后,可能通电的线头必须及时用绝缘胶布包扎好,确保安全稳妥。

(6)非专职人员不得装拆、处理计算机系统的CPU、电源板、输入组件、输出组件,以保证计算机系统安全可靠。

(7)任何电器设备未经验电,一律视为有电,不准用手触及。

(8)禁止使用普通铜丝代替熔断器。

(9)每次维修结束时,必须清点所带工具、零件,清除工作场地所有杂物,以防遗失和留在设备内造成事故。

(10)临时工作中断电源后或每班开始工作,都必须重新检查电源,确定已断开,并验明无电,才能操作。

(11)电气设备发生火灾时,要立刻切断电源,并使用四氯化碳或二氧化碳灭火器灭火,严禁带电用水或用泡沫灭火器灭火。

2. 数据安全与保护

国际标准化组织(ISO)对计算机系统安全的定义是:为数据处理系统建立和采用的技术和管理的安全保护,保护计算机硬件、软件和数据不因偶然和恶意的原因遭到破坏、更改和泄露。由此可将计算机网络的安全理解为:通过采用各种技术和管理措施,使网络系统正常运行,从而确保网络数据的可用性、完整性和保密性。所以,建立网络安全保护措施的目的是确保经过网络传输和交换的数据不会发生增加、修改、丢失和泄露等。

为确保信息中心、网络中心机房重要数据的安全(保密),一般要根据国家法律和有关规定制定适合本单位的数据安全制度,大致情况如下:

(1)对应用系统使用、产生的介质或数据按其重要性进行分类,对存放有重要数据的介质,应备份必要份数,并分别存放在不同的安全地方(防火、防高温、防震、防磁、防静电及防盗),建立严格的保密保管制度。

(2)保留在机房内的重要数据(介质),应为系统有效运行所必需的最少数量,除此之外不应保留在机房内。

(3)根据数据的保密规定和用途,确定使用人员的存取权限、存取方式和审批手续。

(4)重要数据(介质)库,应设专人负责登记保管,未经批准,不得随意挪用重要数据(介质)。

(5)在使用重要数据(介质)期间,应严格按国家保密规定控制转借或复制,需要使用或复制的须经批准。

(6)对所有重要数据(介质)应定期检查,要考虑介质的安全保存期限,及时更新复制。损坏、废弃或过时的重要数据(介质)应由专人负责消磁处理,秘密级以上的重要数据(介质)在过保密期或废弃不用时,要及时销毁。

(7)机密数据处理作业结束时,应及时清除存储器、联机磁带、磁盘及其他介质上有关作业的程序和数据。

(8)机密级及以上秘密信息存储设备不得并入互联网。重要数据不得外泄,重要数据的输入及修改应由专人来完成。重要数据的打印输出及外存介质应存放在安全的地方,打印出的废纸应及时销毁。